コンピュータとソフトウェア

辰己丈夫・中谷多哉子

コンピュータとソフトウェア（'18）
©2018　辰己丈夫・中谷多哉子

装丁・ブックデザイン：畑中　猛

o-22

まえがき

　現在，私たちの周りには，コンピュータを利用していないものはないといっても言い過ぎではないほどに，コンピュータがあふれている。それらは，プログラムで作られたソフトウェアで制御され，ネットワークで接続して利用されている。そして，パソコンやスマートフォンの画面をさわるように，専門家でない人がコンピュータを利用する。

　コンピュータもソフトウェアも，非常に単純な原理を論理的に組み合わせていくことで成立しているが，その組み合わせの多様さを理解するには，何が原理で，何が応用かを知る必要がある。さらに，情報学以外の領域では，コンピュータの原理を理解することも，ソフトウェアを書くことも，不要であると思われている。そのため，コンピュータのしくみ，ソフトウェアのしくみなどを，簡単にでさえも他者に説明できる人は，実は多くない。

　この講義は，コンピュータのしくみ，ソフトウェアのしくみなどを，初心者でも理解が可能なように，「原理を中心にして詳しく取り上げる」という方針で制作された。

　今後，コンピュータやソフトウェア技術が進化して，新しいコンピュータや，新しいソフトウェアが登場するであろう。現在の「しくみ」を理解することは，新しい「しくみ」を理解するヒントとなり，新しい世界を誤らずに理解する不可欠の教養をつくるうえで有用であろう。

　放送教材では，時間の制約上，詳しく取り上げることができなかった内容もあるが，それらは，印刷教材（本書）で詳しく述べられている。また，各章には，参考資料のリストが挙げられている。初心者・初学者にとっては，放送授業を見て理解したつもりになってしまった項目もある

かもしれないが，印刷教材（本書）や参考資料を読み，その内容を正しく理解することに努めることで，新しい考え方，新しい学び方を身に付けることができるようになる。

　この講義を学んだひとが，将来，この講義で身に付けた知識や思考力を利用して，未来の情報社会で活躍されることを望む。

　　　　　　　　　　　　2017 年 9 月
　　　　　　　　　　　　著者のひとりとして　　辰己丈夫

目次

まえがき　辰己丈夫　3

1　コンピュータシステムの構造　｜ 中谷多哉子　11
- 1.1　はじめに　11
- 1.2　コンピュータとは何か　12
- 1.3　ソフトウェアを動かす仕組み　18
- 1.4　プログラミング言語　23
- 1.5　コンピュータとソフトウェアの現在　24
- 1.6　まとめ　25

2　情報通信の基礎　｜ 辰己丈夫　27
- 2.1　ネットワーク　27
- 2.2　OSIレイヤモデル　33
- 2.3　インターネット　35

3　インターネット　｜ 辰己丈夫　41
- 3.1　DNS　41
- 3.2　経路　46
- 3.3　World Wide Web(WWW)　47
- 3.4　WWWのいろいろ　50

4　人間と機械の接面（ユーザインタフェース）　｜ 白銀純子　55
- 4.1　ユーザインタフェース（User Interface,UI）　55
- 4.2　入力機器と出力機器　56
- 4.3　タブレットPCとスマートフォンのUI　63
- 4.4　CUIとGUI　64
- 4.5　GUIの特徴　65

5 見えない情報技術　　　　　　　　　　兼宗進　68

- 5.1 組込型コンピュータ　68
- 5.2 スーパーなどの POS システムの例　68
- 5.3 センサ技術　70
- 5.4 IoT によるネットワークで結ばれた世界　73
- 5.5 入出力のあるプログラムの例　75

6 コンピュータにおける数値の表記　　　　辰己丈夫　79

- 6.1 数学における記数法　79
- 6.2 コンピュータ内部での数の表記　83
- 6.3 ビットを利用して負の数を表す　85
- 6.4 2進法とビットを利用して小数を表す　88

7 データの符号化／デジタルデータ　　　　辰己丈夫　92

- 7.1 文字コード　92
- 7.2 情報のデジタル化（概論）　99
- 7.3 色のデジタル化　99
- 7.4 画像のデジタル化　100
- 7.5 音のデジタル化　101
- 7.6 デジタル符号の圧縮　102
- 7.7 誤り検知と誤り訂正　106

8 プログラミングの基本　　　│ 兼宗進　　109

- 8.1 プログラミング言語　109
- 8.2 ドリトルのプログラム例　110
- 8.3 反復処理　111
- 8.4 条件分岐　114
- 8.5 条件による反復　116
- 8.6 間欠的な反復　117
- 8.7 命令の定義　118
- 8.8 文字の入力と出力　119
- 8.9 配列　119
- 8.10 座標　120

9 アルゴリズム　　　│ 辰己丈夫　　122

- 9.1 アルゴリズム　122
- 9.2 ユークリッドの互除法　123
- 9.3 ソート（整列）　125
- 9.4 検索（サーチ）　129
- 9.5 ハノイの塔　132
- 9.6 クイックソート　137

10 プログラミングを利用したシミュレーション
│ 兼宗進・辰己丈夫　142

- 10.1 対象の抽象化・モデル化　142
- 10.2 具体例に見るモデルとシミュレーション　146
- 10.3 セルオートマトン　153
- 10.4 物理現象のシミュレーション　155

11 データベースの考え方と利用 | 兼宗進 158

- 11.1 データベースの利用　158
- 11.2 関係データベース　158
- 11.3 sAccess によるデータベース入門　160
- 11.4 SQL　163
- 11.5 スキーマ設計と正規化　166
- 11.6 排他制御とトランザクション　169
- 11.7 データベース管理システム　171
- 11.8 まとめ　171

12 オブジェクト指向の考え方 | 中谷多哉子 172

- 12.1 はじめに　172
- 12.2 歴史　172
- 12.3 特徴　174
- 12.4 まとめ　186

13 ソフトウェア工学の考え方 | 中谷多哉子 187

- 13.1 はじめに　187
- 13.2 開発プロセス　188
- 13.3 開発支援環境　191
- 13.4 要求分析　193
- 13.5 設計　194
- 13.6 実装　195
- 13.7 テスト　197
- 13.8 運用と保守・発展　199
- 13.9 まとめ　200

14 | ユーザインタフェース理論　　　| 白銀純子　202

- 14.1　ユーザインタフェースの利用品質　　203
- 14.2　人間中心設計　　205
- 14.3　UIの実装　　207
- 14.4　GUI開発ツール　　212

15 | 社会で利用されているソフトウェア
　　　　　　　　　　　　　　　　　　　　　　| 中谷多哉子　215

- 15.1　はじめに　　215
- 15.2　主記憶装置の拡張　　215
- 15.3　応用システムの例：教務システム　　218
- 15.4　データベースからクラウドへ　　222
- 15.5　データの活用：パターン認識　　223
- 15.6　より高度な利用者インタフェースへ：音声認識　　226
- 15.7　センサ技術の活用　　227
- 15.8　まとめ　　229

索引　　231

Windowsは，米国Microsoft Corporationの登録商標です。
その他本書に記載する製品名は，一般に各開発メーカーの商標または登録商標です。
なお，本文中には ™ および ® マークは明記していません。

1 | コンピュータシステムの構造

中谷多哉子

《**目標&ポイント**》 コンピュータは主記憶装置と中央処理装置，および周辺装置から構成されている。これらのハードウェアをソフトウェアによって操作ができるようにするために，オペレーティングシステムがある。このような仕組みによって，利用者はコンピュータの様々なサービスを利用できるのである。
《**キーワード**》 CPU の仕組み，主記憶装置，演算装置，制御装置，周辺機器

1.1 はじめに

　コンピュータ上でソフトウェアが稼働する仕組みを本章で解説する。ソフトウェアはコンピュータの内部で稼働する。しかし，私たちがコンピュータを分解しても，それを見たり，触ったりすることはできない。コンピュータ上のソフトウェアは，コンピュータの記憶装置の中に納められている。

　この章では，最初にソフトウェアとコンピュータの関係について解説し，次にコンピュータの内部の構成と動作を紹介する。コンピュータの内部では，インターネットを閲覧するブラウザや表計算ソフトウェアを動かすために，オペレーティングシステムと呼ばれるソフトウェアが重要な役割を担っている。Windows や macOS はオペレーティングシステムの例である。

1.2 コンピュータとは何か

　コンピュータは，特定の用途で使うことを目的に作られているものと，様々な用途で使えるように作られているものとがある。前者の例が，冷蔵庫やテレビ，自動車などに組み込まれているコンピュータであり，本書の第5章で詳細に触れる「見えないコンピュータ」である。製品に組み込まれたコンピュータは，主に，他の機器からの信号を受け取り，状況を判断して機器を制御する役割が与えられている。後者の例として，家電量販店などで購入できる PC (Personal Computer) が身近であろう。その他に，銀行や証券会社が業務の遂行に使う大型汎用コンピュータなどがある。

　これらのコンピュータが，期待された役割を担うためにはソフトウェアが必要となる。ソフトウェアを使うためには，いくつかの準備が必要である。

1) ソフトウェアをコンピュータにインストールする。

　インストールとは，コンピュータのハードディスクにソフトウェアを記憶させるという意味である。ソフトウェアによっては，そのソフトウェアが動作するときに参照するデータファイルを作成したり，そのファイルに初期値を設定したりする作業がインストール時に行われる。製品に組み込まれたコンピュータの場合は，IC チップなどにあらかじめソフトウェアを登録してしまうこともある。

2) ソフトウェアを使用するときにソフトウェアを起動する。

　ソフトウェアの起動とは，ハードディスクなどに格納されているソフトウェアをコンピュータの主記憶装置に持ってくるという意味である。ここで使用したハードディスクや主記憶装置という用語の意味は，次の節で紹介する。日常生活で使っているコンピュータで，インストーラと

呼ばれるソフトウェアをダブルクリックしたり，ソフトウェアのアイコンをプログラムフォルダにドラッグ&ドロップする操作では，上記の (1) の作業をコンピュータに指示しているのである。

　ところで，コンピュータ上で稼働させるという文脈で一般に使われるアプリケーションという単語は，アプリケーションソフトウェアを略したものである。アプリケーションプログラムということもある。ソフトウェアとプログラムを厳密に区別するとしたら，プログラムは計算や処理を実行するためのコンピュータへの命令から成るものを指すが，ソフトウェアといった場合，データベースやファイルやネットワークを含めることもある[1]。

　アプリケーションソフトウェアのアプリケーション（application）は「適用」または「応用」という意味を持つ．汎用的に作られたコンピュータを特定の目的に適用できるようにするためのソフトウェアがアプリケーションソフトウェアである．本章では，これ以降，ソフトウェアといった場合は，アプリケーションソフトウェアを指す．また，この章では，ソフトウェアとプログラムはほぼ同義の単語として使うことにする．図 1.1 に，コンピュータとソフトウェアの関係を示した．ソフトウェアが動作することで，コンピュータはマイクからの音を受け取ったり，スピーカーから音を出したり，キーボードやマウスからの信号を受け取ったり，また，ディスプレイに画像を表示することができる．このような動作を間違いなく行えるようにしているのが，オペレーティングシステム（OS: Operating System）である．

　OS はコンピュータのスイッチを入れたときに起動され，ソフトウェア

---

1) 厳密には，ソフトウェアはプログラムを開発するときに作られる仕様書等のすべての成果物を含める．

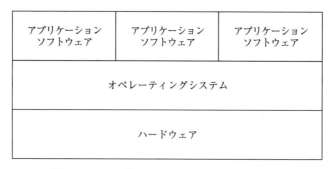

図 1.1　コンピュータとソフトウェアの関係

が正しく動作するための準備をする[2]。

　私たちは，OS が起動される過程を"感じる"ことができる。コンピュータのスイッチを入れると，コンピュータを使えるようになるまでに暫く時間がかかる。この間に，コンピュータは OS を起動し，様々なハードウェアを利用可能にするための準備が進められているのである。これは，ブート（boot）と呼ばれており，以下の役割がある。

- 正しくキーボードやマウスが接続されているか，マイクやスピーカを使えるのかなどを検査し，正しく使えるようにする。
- ネットワークの接続状況を検査し，接続可能であれば接続する。
- 接続されているディスプレイやプリンタなどの機器を検出し，ソフトウェアが利用できるように接続する。
- コンピュータの内部や外部に接続されているハードディスクを検知し，読み込み，書き出しのための接続を行う。

　ソフトウェアがプリンタを使うときには，OS がソフトウェアからの指示を受け取って，プリンタを操作している。このときにプリンタドライ

---

[2] コンピュータが起動するために OS をインストールするためのソフトウェアが必要である。これは BIOS（Basic Input Output System）と呼ばれており，周辺機器を OS が使えるようにするための最低限の接続確認を行っている。

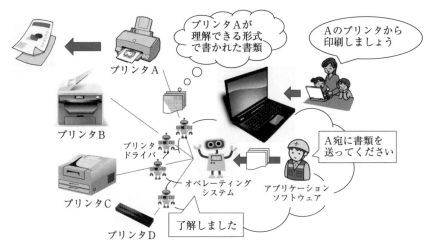

図 1.2 プリンタに書類を印刷するときのデータの流れ

バと呼ばれるソフトウェアを OS が使う。なぜこのような仕組みが必要なのだろうか。OS を介さなければプリンタを使えないなど，面倒だと考えるかもしれない。しかし，「役割分担」という観点と，ソフトウェアを軽量化[3]するために，これは適切な仕組みである。

プリンタは，ネットワークに接続されていたり，USB ケーブルを介してコンピュータに接続されていたりする。私たちが入手できるプリンタは各社，各機種様々ある。今後もますます多様なプリンタが世に送り出されるであろう。これらのプリンタは，様々な機能を持っているため，固有の信号を受け取って動作するように作られている。もし，OS がなかったら，これらの多種多様なプリンタごとにプリンタドライバを見つけて指示を出すプログラムを，すべてのソフトウェアの中に作り込んでおかなければならない。これでは，新しいプリンタが販売される都度，ソフト

---

[3] ソフトウェアに重さはないが，コンピュータのメモリや中央処理装置の計算資源などの量の多さによって，重い，軽いという表現を使う。

ウェアを書き換える必要が生ずるかもしれない．このような状況はソフトウェアの進化発展を阻害するだけでなく，コンピュータにインストールするソフトウェアが重くなってしまい非効率的である．これらの問題を避けるために，プリンタごとにどのプリンタドライバを使えばよいかを OS が管理する．ソフトウェアは，印刷する書類のデータとプリンタを指定するだけでよい．このような OS の役割のイメージを図 1.2 に示した．

私たちが使っているコンピュータで稼働できる OS に，Windows や macOS，Unix，Linux などがある．Android や iOS はスマートフォン用の OS である．

個々のソフトウェアは特定の OS がなければ稼働できない．それは，例えばプリンタにファイルを出力するときに，ソフトウェアが OS に出す指示の仕方が，OS によって異なるからである．そのため，Windows 上で稼働するように開発されたソフトウェアは，macOS 上では稼働できない．インターネットにコンピュータを接続すると，コンピュータがウィルスに感染しないように防御する必要がある．ウィルスもソフトウェアである．したがって，そのウィルスが標的としている OS とは異なる OS を使っているコンピュータでは，そのウィルスは機能しない．

1996 年に作成された SF（Science Fiction）映画「インディペンデンスデイ」では，宇宙人の母艦に地球人が乗り込み，母艦のコンピュータに地球製のコンピュータを接続してウィルスを感染させるシーンがある．しかし，コンピュータのウィルスがソフトウェアであること，また OS が異なればソフトウェアが稼働できないことを知っていれば，科学的にこの話が「ありえない」，または非常に実現困難な話になっていることを理解できよう．

OS の日本におけるシェアは，Windows がおよそ 90%に達しているよ

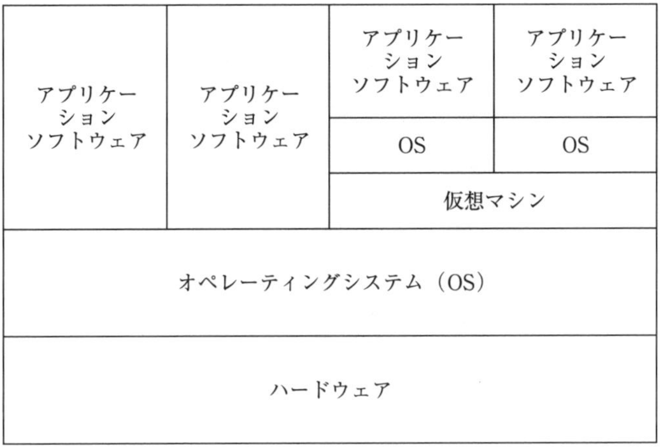

		アプリケーションソフトウェア	アプリケーションソフトウェア
アプリケーションソフトウェア	アプリケーションソフトウェア	OS	OS
		仮想マシン	
オペレーティングシステム（OS）			
ハードウェア			

図 1.3 仮想マシンと OS の関係。macOS 上で仮想マシンを稼働させ，Windows を仮想マシン上にインストールして使っている。

うである[4]。そのため，Windows で稼働するソフトウェアは豊富にある。シェアが 1 割に満たない macOS を使っていると，Windows のために開発されたソフトウェアを使いたいことがある。このような場合，使用中の OS 上で仮想マシンと呼ばれるソフトウェアを稼働させる。仮想マシンとは，コンピュータというハードウェアを模倣しており，仮想マシンをインストールした OS からは，それがソフトウェアのように見えるが，仮想マシン上で稼働する OS からは，それがコンピュータのハードウェアのように見える。そのため，1 つの仮想マシンには，様々な OS をインストールすることが可能である。

仮想マシンを用いたコンピュータとソフトウェアの関係を図 1.3 に示した。実際に稼働している様子を図 1.4 に示した。もともとの OS は macOS

---

[4] http://news.mynavi.jp/photo/news/2017/10/02/160/images/0011.jpg（2017 年 11 月現在）

図 1.4 macOS 上の仮想マシンで稼働させている Windows 用のソフトウェア

であるが，ParallelsDesktop というソフトウェアが仮想マシンの役割を果たしている．その上に Windows を稼働させ，さらに，Windows 上で稼働するソフトウェアをインストールして使用している．これで，masOS 上でも，Windows 用のソフトウェアを使えるようになる．

1.3 ソフトウェアを動かす仕組み

　この節では，コンピュータの内部構造を解説し，ソフトウェアが動く仕組みを紹介する．

　図 1.5 にコンピュータの主な構成を用いて，その内部構造を示した．コンピュータは以下の要素から構成される．それぞれの装置の間には，データ，アドレス，制御信号を送受信する伝送路（バス）がある．

- 主記憶装置（メインメモリ）
- 中央処理装置（CPU：Central Processing Unit，プロセッサともいう）
    - 制御装置
    - 演算装置

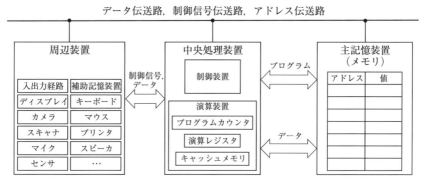

図 1.5　ソフトウェアを動かす仕組み

● 周辺装置

1.3.1 主記憶装置

　主記憶装置は様々なデータやプログラムを記憶するための装置である。主記憶装置には，半導体で構成されたメモリチップが使われている。主記憶装置のことをメインメモリということもある。

　主記憶装置にはアドレスがあり，アドレスに対応して，値が格納されている。値は，プログラムのコードであることもあれば，数値や文字列であることもある。主記憶装置の容量は，コンピュータの性能を表す指標の1つである。主記憶装置の容量は，アドレスの種類の多さを用いて表現される。例えば主記憶装置が1G（ギガ）バイトであるコンピュータは，1バイトであるコンピュータよりも多くのプログラムやデータを記憶することができる。バイトとは，データの大きさを測る単位である。詳細な解説は第6章で行う。

　一般に容量が大きい記憶装置は，データの読み書きに時間を要する。図1.6に，コンピュータの中で使われている様々な記憶装置の，データ

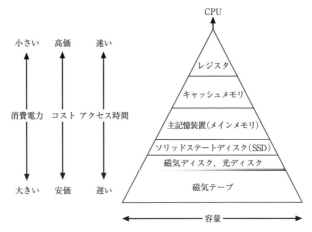

図1.6　様々な記憶装置の容量と読み書きの速度

の読み書きに要するアクセス時間，記憶容量，コストの関係を表している。この図に示すようにキャッシュメモリと呼ばれる記憶装置は，レジスタよりも低速であるが，主記憶装置よりも速くデータを読み書きすることができ，よく使用するプログラムやデータを一時的に保存しておくために使用されている。ただし，キャッシュメモリは主記憶装置よりも容量が小さいため，主記憶装置のすべてのプログラムやデータを格納しておくことはできない。高速の記憶装置を大量にコンピュータの中に入れておけばよいと考えるかもしれないが，これらの高速な記憶装置は，一般に高価である。ただし，技術の進化によって三角形の形は崩れつつある。

　コンピュータのスイッチを切ると，主記憶装置内のすべての内容は消去される。このように，通電していなければ内部のデータが消えてしまう記憶装置を揮発性メモリという。主記憶装置に使われている半導体メモリは揮発性メモリである。そのため，コンピュータのスイッチを入れ

たときは，OS をハードディスクなどの補助記憶装置から，主記憶装置にコピーしてこなければならないのである．コンピュータのスイッチを入れたときは，OS のインストールが完了するまで待とう．

　ファイルを「保存する」とは，主記憶装置内のデータをハードディスクや USB メモリなどの周辺機器に格納することを指す．ハードディスクや USB メモリは不揮発性メモリであるため，通電していなくても内容が消えることはない．

1.3.2 中央処理装置：CPU

　CPU はコンピュータが計算を行う役割を担っている．プログラムが起動されると，そのプログラムは主記憶装置上に置かれることをすでに述べた．主記憶装置上に置かれたプログラムは，通常，私たちが目にする Java や C 言語で書かれたプログラムではなく，CPU が理解できる機械語に翻訳されたプログラムである．このようなプログラムは，複数の命令から構成されており，通常は，1 つ 1 つの命令は処理の順番に従って連続したアドレスに格納される．

　プログラムは以下のように処理が進み，終了するまで繰り返される．
1) 現在参照しているプログラムカウンタを参照する．プログラムカウンタを参照することで，次に実行する命令が格納されているメモリ上のアドレスがわかる．
2) プログラムカウンタが指し示している主記憶装置のアドレスに格納されている命令を取り出す．
3) 制御装置は取り出した命令を解釈して，実行すべき処理内容を理解し，実行する．

ここでは，次のような処理が実行される．
- 処理の内容で指定された主記憶装置のアドレスからデータを取り

出し，同様に指定された演算レジスタに格納する。
- 演算装置に処理の実行を依頼する。この処理によって，プログラムカウンタの値が書き換えられる。通常は，プログラムカウンタの値が1つ増やされる。これは，次の命令を実行するための準備である。

なぜ，処理に必要なデータを主記憶装置から演算レジスタに持ってくる必要があるのであろうか。それは，データの読み書きに要する時間が，図 1.6 に示したように記憶装置によって異なるからである。演算レジスタは単一の値を格納しておくことしかできないが，演算レジスタにデータを読み書きする時間は記憶装置の中では最も速い。

1.3.3 周辺装置

周辺装置は技術の進展に伴い，様々なものが生まれている。今後も，いろいろな機器が開発され，コンピュータによって操作可能となるであろう。例えば，家庭内 LAN の構成を利用したホームセキュリティシステムなど，コンピュータに様々な機器を接続させる試みは今後も盛んになる。

ここでは，コンピュータの周辺でコンピュータの性能を高めるための装置として補助記憶装置を紹介する。その他のネットワークや利用者インタフェースに関する機器は別の章で取り扱う。

補助記憶装置には，ハードディスクドライブ（HDD: Hard Disk Drive）や SSD（Solid State Drive）などがある。補助記憶装置がコンピュータの筐体の外に接続されている場合，外部記憶装置ともいう。

図 1.6 の主記憶装置よりも下に示した記憶装置は外部記憶装置と総称される不揮発性メモリである。例えば，ハードディスクには磁気ディスクが使われている。磁気ディスクは，円盤（ディスク）に磁性体が塗布されており，磁性体を磁化させることでデータを記録する。そのため，ハー

ドディスクに記録されたデータは，HDDの電源を切っても消えない。

　磁気ディスクに記録されたデータの読み書きには，ディスクを回転させ，データを読み込むアクセスアームを移動させるという機械的な機構が使われている。そのため，HDDに強い衝撃を与えると，ディスクの回転軸が折れたり，アクセスアームがディスクを傷つけたりすることがある。このような現象が起こると，ハードディスクのデータにアクセスできなくなってしまう。物理的に円盤を回転させてデータにアクセスする装置には，このような弱点がある。

　今後は，SSDと呼ばれる記憶装置がHDDに代わって使われる機会が増えるであろう。SSDは，HDDのような機械的な動作を持たない。SSDの内部にはデータを記録するためのメモリチップと，このチップに記録されたデータを読み書きするための制御装置を持っている。機械的な動きがないため静音であり，落下などの衝撃にも強いという利点がある。USBメモリは，SSDの一種である。

　コンピュータの内部構造や稼働する仕組みについて詳細な知識を得たい読者は，関連書籍を読んでもらいたい。例えば，パターソンとヘネシーによる『コンピュータの構成と設計』を推薦する[5]。

1.4　プログラミング言語

　コンピュータは，正しく私たちの指示どおりに動く仕掛けを持っていそうだが，コンピュータが理解できる言語は，機械語である。機械語で書かれたプログラムは0と1の集まりであり，私たちにとっては大変わかりにくく，学習も困難である。そこで，機械語と同じように演算レジスタや主記憶装置の値を操作でき，人にも理解可能なプログラミング言

---

5) John L. Hennessy and David A. Patterson 著『コンピュータの構成と設計［第5版］』(日経BP, 2014)

語が開発された。これがアセンブラ言語である。

　しかし，私たちがコンピュータのプログラムを作るのは，コンピュータを使いたいからではない。私たちの問題を解決するためだったり，私たちの仕事の支援をコンピュータにさせるためである。私たちには，自分たちの問題や仕事を，私たちが話す自然言語に近い形式で表現でき，かつ，コンピュータがその意味を一意に識別できる言語が必要である。FORTRAN，COBOL，C言語，Javaなどを使えば，アセンブラ言語よりも人が話す言葉に近い形式でプログラムを書くことができる。これらの言語は，高級言語といわれたり，第三世代言語といわれたりする。ちなみに，機械語は第一世代言語，アセンブラ言語は第二世代言語である。さらに，プログラムの再利用性を支援する開発支援環境が整った第四世代言語も使われている。

　高級言語で記述されたプログラムを，コンピュータが解釈できる機械語に翻訳することをコンパイルという。コンパイルをする機能を持ったソフトウェアをコンパイラという。

1.5　コンピュータとソフトウェアの現在

　コンピュータの処理性能は主記憶装置の容量をどのくらい大きくするかに依存する。主記憶装置の容量を大きくすることは，小さな半導体にどのくらい多くの回路を組み込めるかという集積率を高める技術の進化に依存する。1965年にゴードン・ムーアが示した，「半導体の集積率は18か月で2倍になる」というメモリの予測は有名である[6]。ムーアの法則が示されてから，いくつかの技術革新があり，今日まではこの傾向が続いてきたがこれからはどうであろうか。

---

6)　Gordon E. Moore, "Cramming more components onto integrated circuits," Electronics, Vol.38, No.8, pp.114–117 (1965).

今後は，半導体の集積率だけではなく，ネットワークを介したプログラムを利用したり，1つのプログラムを複数のコンピュータ上に分散させて同時に処理をさせる技術が重要となる。すべてのコンピュータがその主記憶装置の領域を100%使っているわけではない。コンピュータがネットワークに接続されているため，余っているコンピュータの資源を使うことができれば，世界中のコンピュータ上にプログラムを分散させ，並行処理や並列処理をさせることも可能である。これらの技術はクラウドコンピューティングや分散コンピューティングで実用されている。

　コンピュータを構成する機器の技術の進化は今後も続くであろう。また，コンピュータを動かすための技術も進化を続けるであろう。しかし，コンピュータを使いこなすためには，ソフトウェアが必要である。ソフトウェアは，工学的に開発されるとはいっても，依然として高度に知的な活動によって創造される製品である。半導体の集積率の進化に比べれば，ソフトウェア開発の生産性の向上はあまり上がっていない。1986年にフレデリック・ブルックスによる「ハードウェアのコストが急激に低下したのと同じくらいの早さでソフトウェアの開発コストを低下させる銀の弾丸は，今後10年間には生まれないであろう」という予言[7]は，30年以上たった今も外れていない。

1.6 まとめ

　この章では，コンピュータの基本的な構成を紹介し，コンピュータの中でプログラムが稼働する仕組みを解説した。ここで紹介した内容は，新しい技術が発明されると変わっていくものである。コンピュータに関

---

7) Frederick P. Brooks, Jr. "No Silver Bullet -Essence and Accident in Software Engineering," Proc. of the IFIP tenth World Computing Conference, 1986, pp.1069–76.

するニュースなどを参照しながら，随時内容を更新してもらいたい。以降の章では，コンピュータを活用するための様々な技術や仕組みを紹介する。

演習問題

1. コンピュータに主記憶装置がなくてもコンピュータ上でソフトウェアを使うことはできるか。また，そのように考える理由は何か。

2 情報通信の基礎

辰己丈夫

《目標&ポイント》 情報通信の方法，特に通信手順の定め方から始め，現在のネットワークの仕組みと構造について述べる。また，プロトコルを定める意義や，階層化プロトコルの特徴，パケット通信の考え方について述べる。他に，IP アドレス，TCP と UDP について述べる。
《キーワード》 ネットワークトポロジー，OSI レイヤモデル，プロトコル，パケット，インターネット，IP アドレス

現在，コンピュータの多くはネットワークを利用してデータを交換している。そこで，ネットワークの基本的な構成について述べる。なお，インターネットは次章で述べる。

2.1 ネットワーク

2.1.1 ネットワークの構築とトラフィック

いま，2 台のコンピュータを接続してネットワークを作るなら，それは図 2.1 の左のようになる。

ここで，それぞれの 2 台のコンピュータのことを，「ホスト」と呼び，ホスト同士を接続するのは，何本かの銅線をよりあわせた「ケーブル」である。各ホストはデータを送信したいときに，送信データを 2 進法で表し，それに対応した電流を流す。もし，2 台のホストが同時にデータを流そうとした場合は，どちらかに優先権を与えるとか，あるいは両方のホストが乱数を用いて待ち時間を決めてデータを流すなどの方法がある。接続されるホストが，2 台から 6 台に増えた場合，2 台のときの接続方法

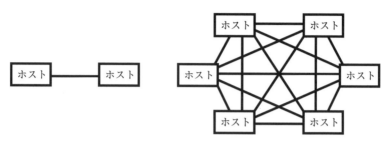

図 2.1　直接に，2 台・6 台の PC を接続

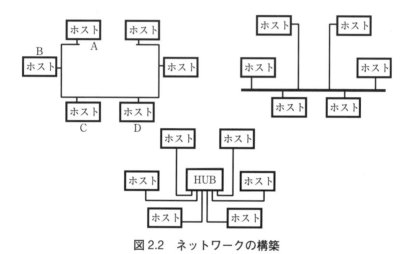

図 2.2　ネットワークの構築

をそのまま用いるならば，図 2.1 の右のように複雑な配線となる。そこで，図 2.2 のようなネットワークが必要となる。

　ところで，この図 2.2 の左上のネットワークを見ると，「ホスト A とホスト D の通信に使われる部分」と，「ホスト B とホスト C の通信に使われる部分」は重なっていることに気がつく。このことは，「ホスト A からホスト D へ通信しているときは，ホスト B からホスト C への通信はできない」ということを意味する。図 2.2 の右上および下のネットワークの

いずれの場合も，同じように2台のホスト同士の通信が行われると，他のホストは通信ができなくなる。コンピュータ同士の通信は，通信ケーブルを一定の時間占有することで行われる。この「通信による占有」を「トラフィック」という。

このようにして構成されたネットワークを，小さな単位で考えるときには，それを **LAN** (Local Area Network) と呼び，LAN 同士を結合した大きなネットワークを考えるときは，それを **WAN** (Wide Area Network) という。WAN 同士をつなげたものが，インターネットである。

なお，英語では，以前から The Internet と，定冠詞 'The' が付いた上で，先頭の文字が大文字になっていた。だが，2016年の Associated press の記者執筆ガイドで，'internet' と書くように改められた。

2.1.2 クライアントとサーバ

ネットワークに参加するホストの役割は，大きく「クライアント」「サーバ」「中継機器」の3つに分類される。ネットワークの規模や稼働時間によっては，1つのホストがこれら3つの役割をすべて兼ねることもあるが，逆に，これらの役割をすべて違うホストに設定することもある。

利用者が向かう端末はクライアントと呼ばれる。クライアントはサーバに接続をして情報を受け取り，あるいはサーバに情報を送信する。利用されていないときは電源が切断されていることが多い。普通のパソコンは，クライアントとして利用される。スマートフォンやタブレットも，常時電源が入っているが，クライアントとして動作している。

サーバは，クライアントに対して様々な情報を提供する役割を持つ。通常は，そのネットワークが起動している間は電源を切断されることなく稼働する。仮にインターネットに接続するサーバならば，それは24時間365日稼働し続けることが期待されるということを意味する。

中継機器は，ネットワーク上の3台以上のホストを接続するために用いられるが，中継機器同士を接続することもある．

通常は1つのネットワークには少数のサーバと多数のクライアントが存在し，それらが中継機器で接続される．また，インターネット接続の場合は，世界中のホストがクライアントになる場合もある．サーバには多くのデータの入力・出力が行われるので，トラフィックが集中する．

イーサネットでは，複数のホストが同一の通信ケーブルに信号を流せる状態におき，同時に2つのホストが信号を流そうとすれば，お互いに取り消しあってから乱数時間待機してから再送し，そうでなければ，信号を送信できるという CSMA/CD[1] という方式を用いている．

最近は図2.2の下にあるような配線をすることが多い．中心にある HUB（集線機器）は，その先の通信機器の MAC アドレスを記憶してデータの転送を切り替える「スイッチング」機能を有し，トラフィックを軽減している．

2.1.3 中継機器

電子や光が通信ケーブルを伝わるにはある程度の時間がかかるため，転送速度を上げれば上げるほど，1つの通信を行うことのできる通信ケーブルの長さの最大許容距離は短くなる．その長さを越えて通信を行いたい場合は中継機器を用いる必要がある (図 2.3)．

中継機器には「リピータ」「HUB」「ブリッジ」「スイッチ (スイッチング HUB)」などがある．「リピータ」「HUB」は単純に信号を増幅して中継するだけであるが，「ブリッジ」「スイッチ」は，接続口ごとにつながっているネットワーク機器の一覧表を内部に保持し，中継の必要のない信号は増幅・中継を行わないので，トラフィック低減に効果的である．ま

---

[1] Carrier Sense Multiple Access with Collision Detection

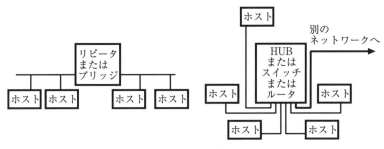

図 2.3　リピータ，ブリッジ，HUB，スイッチ

た，インターネットにおいては，ネットワーク相互の接続を行う「ルータ」も中継機器である。

2.1.4 プロトコル

プロトコルとは，相手方との通信に対して守るべきルールのことである。

ネットワークの世界では，たくさんのプロトコルが制定されていて，どの通信機器も，プロトコルに従った通信を行っている。

ところで，インターネットが普及をしてきた理由には，様々なものがあるが，プロトコルが公開されていて，それがレイヤ（層）で管理されていて，（技術力がある人なら）誰でも，インターネットで通信をできるようになっていることの意義は大きい。レイヤについては，次節で扱う。

2.1.5 レイヤの考え方

例えば，2 人が相互に音声による会話で情報流通を行いたいという状況を考える。

この 2 人の間の情報流通に必要なプロトコルには一体どのようなものがあるだろうか？ 例えば，以下のような項目は，この 2 人の間の情報流通に存在するプロトコルとみなしても良いだろう。

- 「話題導入→議論→結論」の形式をとるか，「結論→説明→原理原則」のように話をするか。
- どんな話題について話をするか。
- 挨拶をするかしないか。
- 使用する言語は何か。
- 直接話すか，電話を使うか，トランシーバーを使うか。
- 電話の場合，電話番号は何番か。
- 電話の場合，何ボルトの電圧で接続するか。
- 電話の場合，途中でマイクロ波による中継を使うか。
- トランシーバーの場合，周波数はいくつか。

これらのプロトコルをよく観察すると，相互に依存する内容がないことがわかる。例えば，「旅行について議論をする」という約束をしても，「政治について議論をする」という約束をしても，その約束は「電話番号を何番にすべきか」という約束に影響を与えない。そこで，必要なプロトコルを整理して，いくつかの「層（レイヤ）」に分類をする。(図2.4)

例えば，「直接対話か電話か」は「音声伝達層」で，「どんな話題にするか」は「話題層」のようにする。このようにすると，それぞれの層におけるプロトコルには独立性が保証されるので，約束の一部を変更したり，新しい約束を導入することが容易になる。つまり，「言葉が通じれば，何を使って通信しているかは無関係」「音が通じれば，どんな言葉で会話するかは無関係」ということになる。

ネットワークによる通信の場合でも，これと同じように「層」の考え方を導入すると，ネットワーク機器やアプリケーションの変更や開発が容易になる。例えば，1台のノートパソコンを勤務先ではイーサネットのLANに直結し，出張先では携帯電話につなぎ，自宅ではモデムを経由して電話回線につなぐ。どのようなつなぎ方をしてもインターネット接

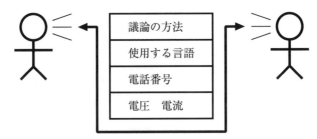

図 2.4 電話による会話の場合のプロトコルの「層」

続ができるのは，この「層」の考え方に従って各通信機器が動作しているからである。

2.2 OSI レイヤモデル

ISO[2] が定めた OSI[3] 参照モデルでは，通信プロトコルを「物理 (フィジカル) 層」「データリンク層」「ネットワーク層」「トランスポート層」「セッション層」「プレゼンテーション層」「アプリケーション層」の 7 つの層に分類している。

物理層とデータリンク層

物理層では，ネットワークケーブルを流れる電流やコネクタの形状などのような，データを 2 箇所でやり取りするためのプロトコルを定めている。

データリンク層は，この章で既に取り上げた「イーサネット」に代表されるネットワークメディアによる通信プロトコルである。

3 つ以上のホストで用いられる各通信機器は，データリンク層プロトコルで定められたメディアアクセスコントロールアドレス (MAC アドレ

---

2) International Organization for Standardization, 国際標準化機構
3) Open Systems Interconnection, 開放型システム間相互接続

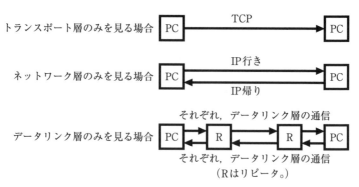

図 2.5　同じ通信でも，注目する層によって違うように見える

ス）という，接続機器ごとに振られたアドレスを用いて，宛先や送信元を明示する。同じデータリンク層プロトコルを守るように設定された通信機器でネットワークを構成すれば，ある MAC アドレスのホストから別の MAC アドレスのホストまでのデータ転送ができるようになる。

2.2.1 ネットワーク層とインターネット

　ネットワーク層では，データリンク層で構築されたネットワーク同士を接続するプロトコルが定められる。例えば，イーサネットと光通信を接続するには，それぞれに独立なアドレスのプロトコルを定める必要がある。それができないと，2つのネットワーク上のホストを通信相手として特定することができない。

　そして，インターネットとは，異なるネットワークメディアを用いたネットワーク同士を結び付けてできた「ネットワークのネットワーク」であり，その中でも，「ネットワーク層」に属する「IP」[4]で規定された通信方法によるネットワークのことである。

4）Internet Protocol

2.3 インターネット

以降は，インターネットを前提として，レイヤについて述べる．以下，「パケット」「トランスポート層」「セッション層」「プレゼンテーション層」「アプリケーション層」は，インターネットでの例を説明する．

2.3.1 パケット

インターネットを利用してデータをやり取りする場合，送信側では，データはパケットと呼ばれる小さな単位に分割し，それぞれのパケットに順番がわかる数を振って，相手に送信する．パケットを受け取った側は，それらを順番に並べてデータを復元する．足りないパケットがあるときは，一定時間待った後，足りないパケットの番号を付けて再送要求をする．

このようにしておくと，通信途中でパケットの一部が失われても，パケット全体を送り直す必要はない．また，パケットの送信速度よりも速いネットワーク回線上では，複数の人のデータが含まれたパケットをやり取りすることができるので，回線の利用効率が上がる．

2.3.2 トランスポート層

トランスポート層では，ネットワーク層プロトコルに従って行われる通信を用いて，「受信された内容」が「送信された内容」と同一であることを保証するための，再送要求などのプロトコルを定めている．

インターネットで非常に多く用いられるTCP[5]というプロトコルは，このトランスポート層に属する．TCPでは，以下の項目が定められている．

---

5) Transmission Control Protocol

- IPによる通信は到達可能性が保証されていないので，送ったIPの信号に対する受領通知 (これもIPの信号である) までを1セットとして通信終了とする．
- IPの信号は最大でも64kbyteまでのデータしか送ることができない．それより大きなデータは，TCPによって分割され，バラバラのIPの信号として順番に送信され，受け取るホストにおいて元の順番のとおりに組み立て直されるようにする．

なお，TCPに従わずIPによる通信を行うこともある．例えば，画像・音声の生中継のように，失われたパケットの再送要求をすることが無意味な場合などである．このような通信プロトコルは，UDP[6]と呼ばれている．

2.3.3 セッション層

セッション層には，通信を開始するに当たって必要な認証や，通信を受け取る機器が送られてきたデータを能力的に処理できないときに通信を一時停止させる「制御」，および，クライアントで実行できない一部の処理をサーバに移して実行させるときの「呼びだし手続き」などを定めている．

2.3.4 プレゼンテーション層

プレゼンテーション層には，文字コードや画像フォーマットについてのプロトコルが含まれている．例えば，同じ画像でもGIF, JEPG, PNG, BMPと様々な保存形式が存在するが，プレゼンテーション層でのプロトコルがあれば，これらの違いを意識することなく画像ファイルを通信することができる．

---

[6] User Datagram Protocol

2.3.5 アプリケーション層

アプリケーション層には，ネットワークを利用するアプリケーションプログラムがそれぞれ定めるプロトコルが該当する。

例えば，「WWW では HTML という文法で書かれたファイルをやり取りし，必要に応じて画像ファイルなどの他のファイルもやり取りする」というプロトコルは HTTP と名付けられている。

2.3.6 IP アドレス

インターネットでは，IP アドレスと呼ばれる数が各ホストに付けられる。同じ IP アドレスが付いたホストは世界中で 1 つしかないようにネットワークを構成すれば，どのデータリンク層にあるホストであっても，相互に通信ができるようになる。

まず，0 から 2^8 までの数を表す「8 ビット」の部分は「オクテット」（1 オクテットは 1 バイト）と呼ばれる。

IPv4 (IP version 4) では，IP アドレスは，12.34.56.138 のようなオクテット 4 つ，すなわち 32 ビットの並びである。したがって，この形で $(2^8)^4 = 256^4 = 2^{32} = 4,294,967,296$ 通りの IP アドレスを表すことができる。

21 世紀に入り，IPv4 ではアドレスの枯渇が予想された。そこで，IPv6(IP version 6) が制定され，移行が進みつつある。IPv6 では最大 16 オクテット ($= 128$ ビット) まで利用可能で，したがって，表現可能なアドレスは $2^{128} \fallingdotseq 3.4 \times 10^{38}$ という途方もない量になる。

2.3.7 ネットワークアドレス

世界中に IP アドレスの付いたホストが無規則に存在していれば，相手の IP アドレスがわかっても通信を行うためには，世界中のホストの場所

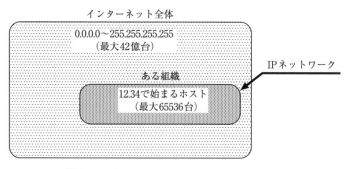

図 2.6　インターネット，IP ネットワーク

と IP アドレスの関係を知る必要がある．そのようなことをせずに済むように，IP では「ネットワークアドレス」という概念を取り入れ，アドレス全体をわかりやすく分類している．

　例えば，ある組織は 12.34 で始まるアドレスを使っている．その組織以外のホストが 12.34 で始まるアドレスを使うことはないので，宛先の IP アドレスが 12.34 で始まるならば，組織を特定することができる．この組織に存在するホストの集まったネットワークを「IP ネットワーク」といい，この「12.34」のことを「ネットワークアドレス」という．

　同じ組織の中でも，12.34.56 で始まる IP アドレスは，特定の位置に設置されたホストのアドレスにのみ付けられている．この「近辺のホストの集合」を「IP サブネット (IP は省略され，単に「サブネット」ということが多い．)」といい，「12.34.56」のことを「サブネットアドレス」といい，サブネットを表すために何ビットを用いるかという数を，ネットマスクという．先ほどの例では，「12.34.56」の 3 オクテットがサブネットであるから，ネットマスクは $8 \times 3 = 24$ ビット となる．

　ところで，255 は二進法の 11111111 であるから，255.255.255.0 を二進法表記すれば 11111111.11111111.11111111.00000000 となる．そこで，

表2.1　ネットマスクとサブネット

	12	.34	.56	.138	ホストアドレス
	00001100.00100010.00111000.10001010				
↓ &	11111111.11111111.11111111.00000000				ネットマスク
	00001100.00100010.00111000.00000000				
=	12	.34	.56	.0	サブネットアドレス

これを 24 ビットのネットマスクとして記すこともある．この方法のメリットは，IP アドレスとネットマスクのビットごとの積を求めれば，サブネットアドレスが計算できることである．

例えば，24 ビットサブネットに所属する 12.34.56.138 の所属するサブネットを計算する手順を，表 2.1 に示す．

また，以上のことからわかるように，サブネットを表記するときは，12.34.56.0 と記しても，

- 12.34.56.0 ネットマスクが 24 ビット（256 ホスト収容）
- 12.34.56.0 ネットマスクが 25 ビット（128 ホスト収容）
- 12.34.56.0 ネットマスクが 26 ビット（64 ホスト収容）
- 12.34.56.0 ネットマスクが 27 ビット（32 ホスト収容）

の区別がつかないため，「12.34.56.0/24」や「12.34.56.0/255.255.255.0」のようにネットマスクを併記する．

演習問題

1. 3人で糸電話を使って通話したい．だが，その2人の会話を他の1人に聞かれたくない．どのように糸をひっぱればよいか．
2. 日常の活動をレイヤモデルを用いて説明してみよ．
3. 自分が使っているパソコンやスマートフォンの MAC アドレスを調べよ．
4. サブネット 12.34.56.64/28 に属する IP アドレスは何個あるか．また，それをすべて列挙せよ．

参考文献

[1] 久野 靖, 佐藤 義弘, 辰己 丈夫, 中野 由章 (監修)『キーワードで学ぶ最新情報トピックス 2017』(日経 BP 社, 2017) ISBN-10: 4822292215

[2] Brian W. Kernighan (著), 久野 靖 (翻訳)『ディジタル作法 – カーニハン先生の「情報」教室 –』(オーム社, 2013) ISBN-10: 4274069095

[3] アンドリュー・S・タネンバウム (著), デイビッド・J・ウエザロール (著), 水野忠則 (翻訳)『コンピュータネットワーク [第 5 版]』(日経 BP, 2013) ISBN-10: 482228476X

3 | インターネット

辰己丈夫

《目標&ポイント》 現在，世界中で利用されるようになったインターネットについて，その歴史と意義について述べる。また，DNS の仕組み，および，web などの様々なネットワークアプリケーションについて述べる。
《キーワード》 インターネット，DNS, WWW

現在のインターネットでは，様々な情報を利用した，いわば「情報サービス」が行われている。ここでは，現在の社会で利用されている情報サービスがどのような技術を利用しているか，それがどのように社会に影響を与えているかについて述べる。

3.1 DNS

インターネットに接続されているホストには IP アドレスが付けられているが，数字のみで表現されるアドレスは覚えにくい。電話番号の場合は電話帳があるように，インターネットにおいても電話帳のようにホストの所属などから IP アドレスが判明する仕組みが DNS[1] である。

DNS は，例えば www.example.jp という文字列を 12.34.56.43 という IP アドレスに変換する。逆に 12.34.56.43 を www.example.jp に変換する「逆引き」と呼ばれる機能もある。

「www」をホスト名,「examaple.jp」を DNS ドメイン名といい，それらを

---

[1] Domain Name System

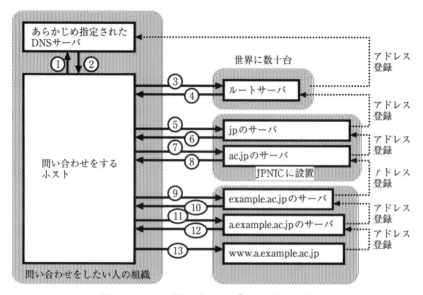

図 3.1　DNS 問い合わせ (①から順に行う)

つなげた www.example.jp を FQDN[2) という。(近年は, www.example.jp をドメイン名と呼ぶこともある。)

紙に印刷された電話帳と違って, DNS は分散管理されている。各組織は自組織内の FQDN と IP アドレスのデータベースを作り, その親組織は, それらのデータベースを管理するホストの IP アドレスのみをデータベースに登録している。このデータベースを保持するホストを, そのドメインネームサーバという。

3.1.1　トップレベルドメイン (TLD)

世界中にはルートネームサーバという重要な役割を与えられたホスト

---

2) Fully Qualified Domain Name

表 3.1 TLD の例（一部）

TLD	説明
カントリーコード	国ごとの TLD
例 .jp	日本
.kr	韓国
.uk	イギリス
.fr	フランス
.com	企業など
.org	非営利組織など
.net	ネットワーク組織など
.edu	アメリカの大学など
.gov	アメリカの政府機関

が何台もあり，トップレベルドメイン (TLD) のネームサーバの問い合わせに応じている．表 3.1 に，TLD のいくつかの例を示す．

3.1.2 セカンドレベルドメイン (SLD)

トップレベルドメインに属するドメインをセカンドレベルドメインという．表 3.2 に，.jp の SLD のいくつかの例を示す．

表 3.2 .jp の SLD の例（一部）

SLD と .jp	説明
co.jp	企業など
ne.jp	ネットワーク組織など
ac.jp	大学など
ed.jp	初等中等教育機関など
go.jp	政府機関
地域名.jp	地域型
例: tokyo.jp	東京

3.1.3 DNSへの検索の例

例えば，www.a.example.ac.jp というホストの IP アドレスを知る手順をていねいに記すと，次の通りになる。

1) まず，ルートネームサーバのアドレスを知っている組織内のホストの IP アドレスを，各クライアントに設定しておく。
2) FQDN www.a.example.ac.jp を IP アドレスに変換する必要が生じたら，設定された DNS 問い合わせ先に，ルートネームサーバを問い合わせる。
3) ルートネームサーバの IP アドレスが，クライアントに通知される。
4) クライアントは jp のネームサーバの IP アドレスを，ルートネームサーバに問い合わせる。
5) ルートネームサーバから 202.12.30.131 が jp のネームサーバであると通知される。
6) ac.jp のネームサーバの IP アドレスを，202.12.30.131 に問い合わせる。
7) 61.120.151.100 が ac.jp のネームサーバであると通知される。
8) example.ac.jp のネームサーバの IP アドレスを，61.120.151.100 に問い合わせる。
9) 12.34.120.8 が example.ac.jp のネームサーバであると通知される。
10) a.example.ac.jp のネームサーバの IP アドレスを，12.34.120.8 に問い合わせる。
11) 12.34.56.43 が a.example.ac.jp のネームサーバの IP アドレスであると通知される。
12) www.a.example.ac.jp の IP アドレスを，12.34.56.43 に問い合わせる。
13) 12.34.56.43 が www.a.example.ac.jp の IP アドレスであると通知

される。

　もし，図 3.1 にあるような仕組みがなければ，「世界中のすべてのホストの FQDN と IP アドレスの対応表を管理するサーバ」をどこかに用意しなければならない。ただし，実際の DNS では，上記の問い合わせがすべて行われているわけではない。DNS にはキャッシュという機能があり，一度問い合わせた内容は，DNS の運営者が設定する時間（7 日程度とする運用が多い）だけ保持される。したがって，あるホストが www.a.example.ac.jp の IP アドレスを知ってしまったら，その後に，同じ問い合わせが生じても，上の階層への問い合わせを行わずに済ませている。

3.1.4 DNS の階層と記述

　DNS ドメインは，欧米の住所のように左に小さな組織名などが，右に国名などの大きな単位が記述される。一方，IP アドレスは日本の住所のように，左に大きな分類であるネットワークアドレス，右に小さな分類であるホストアドレスが記述される。したがって，FQDN から IP アドレスをひく「正引き」は，

　　　　　jp → ac.jp → example.ac.jp → ns.example.ac.jp
　　　　　　　→ mx.example.ac.jp

のように右側から問い合わせをする。

3.1.5 DNS の逆引き

　IP アドレスから FQDN をひく「逆引き」も可能である。

　　　　12 → 12.34 → 12.34.56 → 12.34.56.78 → mx.example.ac.jp

のように左側から問い合わせを行う。

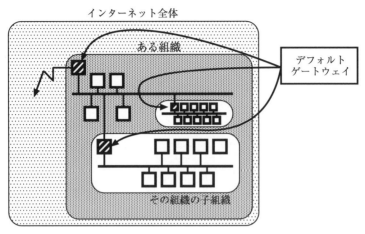

図 3.2 組織とその子組織のデフォルトゲートウェイ

3.2 経路

　ネットワークアドレス，サブネットアドレスが定められても，経路の設定は容易ではない。例えば，ある国のある学校に設置されたホストから，12.34.56.138 へのアクセスを試みようとしたとき，一体どの中継機器を通って到達すればいいのだろうか？

　まず，プロバイダ相互の接続は設定が複雑で，相手アドレスが判明しても，それをどのプロバイダに送るべきかは簡単にわからない。現在，プロバイダの間は多くの場合，BGP[3]という方式を用いて経路設定を行っている。BGPについての詳細な説明は省略する。

　ところで，内部で使用しているサブネットと外部との接続を行う「ゲートウェイ」と呼ばれるホストは，2つのサブネットの間で信号を中継する役目を負っている。多くの組織では，ゲートウェイは1台しかなく，そ

---

[3] Border Gateway Protocol

のため,「外部への通信は,すべて,そのホストに信号を送ればよい」ということになる。そこで,このゲートウェイを「デフォルト[4]ゲートウェイ」(図3.2) といい,デフォルトゲートウェイを通る経路のことを「デフォルト経路」などと呼ぶ。同じサブネットを用いる組織内のホストは,同じサブネットにあるゲートウェイをデフォルトゲートウェイとして設定しておけば,外部への信号中継が可能になる。

3.3 World Wide Web (WWW)

利用者がwebブラウザ[5]に表示されたリンクの上にマウスポインタを重ね,ボタンをクリックすると,ブラウザの画面に様々な情報が提示されてくる。このとき,パソコンの内部ではどのようなデータのやり取りが行われているのだろうか? ここではまず,webで利用されている要素技術(部品的な技術)について述べる。

3.3.1 webで用いられるデータ転送手順の基本

インターネットに接続され,原則として24時間,常に動作しているコンピュータを,インターネットの世界では「サーバ」と呼ぶ。特に,webに関するデータを利用者に送り出しているのがwebサーバである。

利用者が操作しているパソコンは,目的のwebサーバのIPアドレスがわかったら,そのwebサーバのポート80番に接続し,「GET URI」という文字列を送信する。すると,URIが指し示す情報が,HTMLで書かれたHTMLファイルで送り返され,通信が終了する。ここでいう「URI」とは,情報のありかを示す文字列である。通常はURIの中でも,

---

[4] default – 無指定時の,初期状態での
[5] 2016年のAssociated pressの記者執筆ガイドで,それまでの 'Web' から,'web' と書くように改められた。

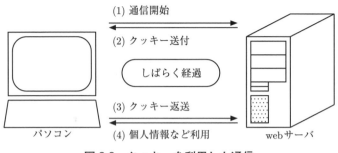

図3.3　クッキーを利用した通信

http://www.a.example.ac.jp/ のような URL と呼ばれる文字列を使うことが多い。

以上が web でのデータ通信手順の基本である。

なお，web サーバから画像や音声などを含む情報を取り出そうとすると，画像ファイルや音声ファイルなどのファイルも転送されてくるが，これらのファイルは，最初に取り出した HTML ファイルに記載されているので，ほぼ同時に取り出される。

3.3.2 web における認証とクッキー

一般的に認証とは，会話・通信・取り引きの相手が，こちらが意図したとおりの相手であるかどうかを確認する手段である。例えば，鍵と錠（鍵穴）の関係は，正しい鍵を持っている人のみがその錠を開くことができるという意味で，認証の機構を提供している。銀行のキャッシュカードに付いている暗証番号も，認証の役割を実現するために用いる。web で認証を行う場合は，通常はパスワードなどを利用する。認証のおかげで，web ショッピングや，web メールなどを安全に行うことができる。

1) web サーバに通信があると，
2) web サーバは web ブラウザにクッキーと呼ばれる文字列を送信す

る。クッキーには，通信相手のホスト名などが一定のルールで記載されている。web ブラウザはクッキーを保存し，
3) 次に同じ通信相手と通信をするときにクッキーを付加して送信する。web サーバは，以前に送付したクッキーと，送られてきたクッキーと同じクッキーを照合することで通信相手を特定し，
4) 個人情報などをそのまま送付する。

　クッキーの仕組みを前提で考えると，ブラウザが保存したクッキーは，いわばパスワードのようなものであるということもできる。したがって，クッキーの内容を他人に見せたり，クッキーを送ってきた通信相手と異なる通信相手に送付してはならない。

　なお，web メールや web ショッピングなどに設置されている「ログアウト」ボタンを押すと，通常は，そのサイトとの通信のために利用者のパソコンに保存されたクッキーが消去される。また，使用期限を過ぎたクッキーも自動的に消去される。これは，使う必要がなくなったクッキーが意図しない利用に使われることを防ぐためである。このことからわかるように，web メールなどのサイトからログアウトをしていないブラウザを他人に使わせることは，避けるべきである。

3.3.3 動的な web ページ

　WWW では，主に HTML ソースを web ブラウザが解釈して web ページを表示している。

　ここで表示される web ページを，その内容がどこで作成されるかという観点で注目すると，大きく次の3つに分けることができる。

静的なソース： HTML ソースを変更しない限りは，いつ，どのように表示をしても，同じ HTML が送付されてくるため，その内容・外観

が変わらない[6]。

ブラウザ上で動作するソース： webサーバから送付されるHTMLソースは固定されているが，そこにある種のプログラミング言語で記述されたプログラムがあり，ブラウザは，そのプログラムを実行することで画面を作る。ブラウザ上をマウスカーソルがどのように動いているかを調べて表示を変えたり，そのときの時刻やネットワーク環境に応じて異なる内容を表示させることもできる。

JavaScriptやJava Appletなどが知られている。

サーバ側で生成されたソース： webサーバにHTMLソースの要求があった時点で，クライアントに送るソースの内容をサーバが作成する。サーバ側でプログラムが動作して作成されるので，サーバ側にあるデータベースを検索し，その結果を送付することも可能である。

CGIやPHP（CGIを利用）などが知られている。

他に，サーバ側とクライアント側の両方で動的な表示画面作成を行うFlashやHTML5と呼ばれる技術もよく用いられている。

3.4 WWWのいろいろ

3.4.1 検索エンジン

検索エンジン（検索サイトとも呼ばれる）とは，webページに含まれる文字・単語や，そこから呼び出されている写真などの情報を辞書と同じように整理し，入力された検索語が含まれるページのURLを提示する機能を持ったwebサーバのことである。検索エンジンは，次のようにして動作している。

1) クロール：(各ページ→クローラ)

---

[6] ただし，ブラウザの表示画面の大きさや，ブラウザが利用するフォント，ブラウザのバージョンなどによって外観が変わる。

クローラが，ページを次々と取得し，含まれているリンクのリストを作る。新しく発見したリンク先を帰納的にたどってさらに新しいページを取得する作業を続けていく。

2) データベース化：(クローラ→データベースサーバ)

　　取得されたページにある単語を辞書を使って切り出し，その単語があった URL とともにデータベースを作る。画像などもデータベース化する。

3) 検索サイト接続：(データベースサーバ→利用者の PC)

　　利用者が検索語を入力すると，データベースに問い合わせて関連する URL の一覧などを引き出し，様々な順位を付けて表示する。

4) 表示されたサイトに接続：(利用者の PC→各ページ)

　　利用者が表示されたリンクをクリックして，目的のページにたどり着く。そのときに，クッキーや，JavaScript などの技術を利用して，検索エンジン側は，どの利用者がどのリンクをクリックしていったかというデータを得る。得られたデータは，後の検索の際の表示順位を決定する際に用いられる。

　検索エンジンの中には，自動的に行われるクロールを中心にデータ構築をしているものや，検索エンジン運営会社の人間がクロールをしながらデータ構築をしているものなどがある。前者の場合は 1 つの検索語に対して多くの URL を提示できるが，中には実は無関係なものなども含まれてしまうので情報の洗練度が低い。後者の場合は 1 つの検索語に対する URL は少ないが，必ず人間がチェックしながら登録しているので情報の洗練度が高い。そのため，最近の検索エンジンは，この 2 つの方法を巧みに混在させ，さらに，検索エンジンを運営する企業の収入源となる広告も入れて表示を行うようにしている。

検索エンジン単体を,現在の社会を構築する情報システムと見なすことはできないが,このあとに紹介する様々な情報サービスを検索エンジンと組み合わせると,飛躍的に活用しやすさが向上する。

3.4.2 データベースとサーバ

データを大量に利用するwebサイトの多くはデータベースと接続されていて,ブラウザが生成した要求を,webサーバの内部でデータベース用の命令に翻訳し,データを引き出した上で,出力されたデータを加工してブラウザに戻すことで画面表示を行っている。

図 3.4　サーバ構成

3.4.3 DNS の工夫と CDN

例えば,フランスで行われているスポーツの競技中継やコンサートなどのイベントを,日本から,非常に多くの人がwebを利用して,動画を視聴するという状況を考える。まず,フランスを表すISOカントリーコードはFRであるから,URLのドメイン名は.frで終わる www.example.fr であると仮定しよう。日本国内の多くの利用者が一斉に www.example.fr に接続すると,トラフィックが大きくなり,通信を正常に行うことができなくなってしまう。

そこで,現在のwebでは,DNSの名前に対して複数のIPアドレスを計画的に割り当て,割り当てられたwebサーバが利用者にデータを送るようにするCDN(Contents Delivery Network)と呼ばれる技術が用いら

れるようになった。

　先ほどの例を用いてCDNの動作を説明する。まず，www.example.frで見られる動画と同じ動画を見られるようにするwebサーバを日本国内に設置する。そして，日本国内の利用者がwww.example.frにアクセスしようとすると，DNSは日本国内に置かれたwebサーバのIPアドレスを利用者のクライアントに伝える。結果として，利用者のパソコンは日本国内のwebサーバから動画を視聴することになる。利用者は，自分がつないでいるwebサーバが，日本国内にあるのか，フランス国内にあるのかを，まったく気にしなくてもよい。

　世界規模の巨大なイベントがあるたびに，このようなCDNをあらかじめ構築しておけば，トラフィックの増大を防ぐことができる。

3.4.4 クラウドと仮想マシン

　近年，急速に普及をしているのが，インターネットにつながれたサーバを利用した，様々な情報共有の仕組みの1つである，「クラウド」である。これは，システムを作るサーバが，どこでインターネットに接続しているかが，分散されていて，まるで「雲（cloud）」のように見えることから名付けられた。例えば，ある企業が自社用のwebサーバを自社内に設置せず，webサーバの機能を提供する業者を利用する，という場合が該当する。ハードウェアの管理が不要になるとともに，ネットワークトラフィックの観点からも，都合がよいことが多く，急速に利用者が増えてきている。

　また，クラウド事業者（クラウドサーバを提供している企業）は，クラウドとして見えるサーバを，仮想マシンとして実現していることが多い。仮想マシンとは，実際のハードウェアで作られたコンピュータと同じ操作で動作し，同じ機能を持つアプリケーションソフトウェアのことであ

る。利用者から見ると，実際のハードウェアで作られたコンピュータと区別がつかない。高性能で巨大な記憶容量を持つサーバ上で，仮想マシンのアプリケーションを同時に数百台動作させておくと，実際は1台のコンピュータなのに，数百台分の働きをする。その結果，管理業務が軽減される。このような数百台のコンピュータが，クラウドにつながったサーバとして利用されている。

演習問題

1. SLDの1つであるac.jpの直下には，放送大学を始めとして，様々な大学などがある。どのような大学があるか，調べよ。
2. 自分のパソコンのwebブラウザに記録されているクッキーを調べよ。
3. 検索サイトには，著作権に関連して，特別な権利が与えられている。それを調べよ。

参考文献

[1] 久野 靖，佐藤 義弘，辰己 丈夫，中野 由章（監修）『キーワードで学ぶ最新情報トピックス 2017』（日経BP社，2017）ISBN-10: 4822292215

[2] Brian W. Kernighan（著），久野 靖（翻訳）『ディジタル作法 – カーニハン先生の「情報」教室 –』（オーム社，2013）ISBN-10: 4274069095

[3] アンドリュー・S・タネンバウム（著），デイビッド・J・ウエザロール（著），水野忠則（翻訳）『コンピュータネットワーク［第5版］』（日経BP，2013）ISBN-10: 482228476X

4 人間と機械の接面
（ユーザインタフェース）

白銀純子

《目標＆ポイント》 人間がコンピュータを利用するには，人間と直接やり取りするコンピュータの一部分が必要となる。例えば，キーボードやマウスなどの入力機器や，画面などの出力機器である。ここでは，それらの機器についての具体的な操作の例を示す。また，ソフトウェアで実現されているユーザインタフェースの代表的な表現方法や操作方法に触れる。

《キーワード》 キーボード，マウス，タッチ型インタフェース，GUI，CUI，メタファ

コンピュータは，人間からの指示を受け，処理をし，その処理結果を人間に提示する，というのが基本的な動作である。本章では，そのコンピュータと人間との対話の基本的な仕組みを説明する。

4.1 ユーザインタフェース (User Interface, UI)

コンピュータを利用する際，人間は「ユーザインタフェース (User Interface, UI)」を介してコンピュータを操作する。「ユーザ」とは，コンピュータを利用する人間である。「インタフェース」とは，あるものと別のものとの接合面のことである。例えば，電化製品は，電源のプラグが装備されており，このプラグを家庭の電源コンセントに差し込んで利用する。このプラグとコンセントとの接合面が，インタフェースの一例である。また，「USB (Universal Serial Bus)」もインタフェースの一例である。コンピュータとプリンタや外部記憶媒体との接続面である。

つまり，「ユーザインタフェース」とは，コンピュータとユーザとの接合面であり，ユーザが入力機器を操作してコンピュータに指示を伝え，コンピュータから人間に伝える情報が出力機器に表示される。キーボードやマウスが入力機器，ディスプレイが出力機器の代表例である。ここでは，これらの機器を含んで，入力機器と出力機器の説明をする。

4.2 入力機器と出力機器

4.2.1 入力機器: キーボード

キーボードは，キーを押して文字を入力するための入力装置である。ノート PC では PC 本体と一体になっている。PC の USB インタフェースに接続して利用するという，PC とは独立したキーボードも存在する。また，タブレット PC やスマートフォン，銀行の ATM などでは，画面に表示されて指やマウスでキーを押すソフトウェアキーボードが使われている。

キーボードのキーの配列にもいくつか種類がある。全世界的に最も普及しているのが，「QWERTY」という配列である。この配列のキーボードのアルファベットのキーの並びを，左上端から順に 6 文字並べると「QWERTY」となり，これがこの配列の呼び名となっている。この配列は，アルファベット順でもなく，一見脈絡のない配列のように見えるが，この配列が考案された背景は，タイプライタが使われていた時代にさかのぼる。タイプライタとは，先端が文字の形をしたバーが付いており，キーを押すことにより，そのキーに対応するバーが用紙に打ち付けられて印字する装置である。アルファベット順にキーを配置したタイプライタの時代には，キーの打鍵が高速になると，印字をするバー同士がぶつかるという問題が起こっていた。そこで，バー同士がぶつからないように配置を調整した配列が QWERTY である [1]。

ただし，日本語の入力をするためには，ひらがな，カタカナ，漢字以外に，「、」や「。」など，日本語独自の記号も必要である．そこで，日本語入力向けのキーボードは，JIS (日本工業規格) により，QWERTY 配列をもとに，独自に配列を定めている．そのため，日本語キーボード (図 4.1[1]) と他の言語のキーボード (図 4.2[2]) では，記号類の配置が異なる．なお，日本語の入力は，ローマ字でかなを入力し，ひらがなを漢字に変換する方法が一般的である．

図 4.1　日本語キーボード

図 4.2　他の言語のキーボード

QWERTY 配列以外にも，図 4.3[3] のような Dvorak 配列も考案された．

1) File:KB Japanese.svg, https://commons.wikimedia.org/wiki/File:KB_Japanese.svg, 2017 年 6 月 9 日参照
2) File:KB United Kingdom.svg, https://commons.wikimedia.org/wiki/File:KB_United_Kingdom.svg, 2017 年 6 月 9 日参照
3) File:KB United States Dvorak.svg, https://commons.wikimedia.org/wiki/File:KB_United_States_Dvorak.svg, 2017 年 6 月 9 日参照

図 4.3　Dvorak 配列

これは，英文での各文字の出現頻度を調査し，出現頻度の高い文字を打鍵しやすい位置に，出現頻度の低い文字を打鍵しにくい位置に配置したものである．この配列は，習熟したときの打鍵速度は QWERTY 配列よりも速いが，QWERTY 配列が普及してしまっていたため，現在はあまり使われていない [1]．

また，日本語キーボードとして，親指シフト配列 (図 4.4[4]) やあいうえお配列も存在する．これらは，ローマ字ではなく 1 打で 1 文字のかな

図 4.4　親指シフト配列

---

4) File:FUJITSU COMPONENT LIMITED - FKB7628-801.JPG, https://commons.wikimedia.org/wiki/File:FUJITSU_COMPONENT_LIMITED_-_FKB7628-801.JPG, 2017 年 6 月 9 日参照

を入力するための配列である．中でも親指シフト配列は，QWERTY 配列におけるスペースキーの位置にシフトキーが 2 つあり，それらを使って効率よくかなの入力ができる．

この他，人間工学的な見地から様々な配列が考案されている．

4.2.2 入力機器: マウス

マウスは，対象物を指し示して選択するための装置である．画面上に「(マウス) ポインタ」と呼ばれる矢印が表示され，この矢印を移動させることで対象物を指し示し，マウスに付属しているボタンを押したりすることで操作する．机などの平らな面にマウスを置き，面上でマウスを滑らせることにより，ポインタを移動させる．現在の多くのマウスは，図 4.5 のように，ボタン 2 つとホイール 1 つが最低限ついており，下記のような操作を行う．

クリック　ボタンを 1 度ポンと押すこと
ダブルクリック　ボタンを 2 度ポンポンと押すこと
ドラッグ　対象物の上でボタンを押したまま，ポインタを移動させること
ドロップ　対象物をドラッグ後，ボタンを離すこと (ドラッグとドロップを一連の動作として行うことを「ドラッグ&ドロップ」)
ホイールスクロール　ホイールを指で上下に回すこと

マウスの底面部分でポインタを移動させるための仕組みは，機械式と光学式の主に 2 種類がある．機械式は，マウスの底面にボールが組み込まれており，マウスを滑らせることにより，ボールが回転する．この回転量により，ポインタの移動量を計算する [1]．光学式よりも安価であるが，ボール周辺部分にごみが入り，反応が鈍くなったり故障の原因になったりしやすい．

図 4.5 マウス

　光学式は，マウスの底面に LED と光センサが組み込まれており，マウスを滑らせることにより，マウスを置いている机などの面からの光の反射を利用して，ポインタの移動距離を計算する [1]。機械式よりも高価であるが，故障しにくい。また，マウスを置いている面の材質などにより，反応が鈍くなることもある。現在は光学式が主流である。

　また，マウスは左右どちらの手で利用するかにより，使いやすい形状が異なる。どちらの手で利用しても良いように，左右対称の形状をしたマウスが多いが，右利き用マウス，左利き用マウスも存在する。

4.2.3 入力機器: トラックボール

　トラックボールは，ボール式マウスの底面にあるボールを，上面に置いたような装置である (図 4.6[5])。ボールを手のひらで転がすことにより，マウスポインタを移動させる。マウスのように，机などの面の上を滑らせることはしない。クリックなどのボタン操作はトラックボールに付属しているボタンで行う。マウスと比較すると，小さな対象物を指し示す

---

5) File:Kensington Orbit Optical.jpg, https://commons.wikimedia.org/wiki/File:Kensington_Orbit_Optical.jpg, 2017 年 6 月 9 日参照

などの細かい操作は難しい。しかし，手首の負担が少なく，操作のためのスペースも小さくて良いため，様々な業務や障害者の利用に向いている場合がある。

図 4.6　トラックボール

4.2.4 出力機器: 液晶ディスプレイ

　ディスプレイは，コンピュータの処理結果をユーザに表示するための装置である。以前は CRT ディスプレイというブラウン管のディスプレイが主流であったが，現在は液晶ディスプレイが主流である。

　液晶ディスプレイは，液体と固体の中間の状態の物質をガラス板にはさみ，後方からライト (バックライト) を当てて物質を光らせて表示する。液晶ディスプレイの画面には，小さな点 (ドット) が縦横に並べられており，1 つ 1 つのドットをライトで光らせる。個々のドットも，さらに小さな 3 つの点の集合体になっている。そして，この 3 つの小さな点を，それぞれ赤，緑，青で光らせる。この赤，緑，青の光にはそれぞれ濃淡がつけられており，3 つの光を混ぜることにより，様々な色が表現できる [1]。この性質を利用し，個々のドットを様々な色で光らせることにより，ディスプレイの表示をしている。この色の表現の方式を「RGB (Red Green Blue) カラー」と呼び，約 1670 万種類の色を表現できる。

また，液晶ディスプレイの性能の1つに「解像度」というものがある。これは，画面の横と縦にそれぞれいくつのドットが並んでいるかを意味しており，「横のドット数×縦のドット数」で表す．例えば，「1920 × 1200」という表現であれば，横に1920個，縦に1200個のドットが並んでいるという意味である．さらに，ディスプレイの大きさを表す「型」は，ディスプレイの表示領域の対角線の長さのインチ数 (1インチ ≒ 2.54cm) である．例えば，「12.1型」という表現であれば，ディスプレイの対角線の長さが12.1インチという意味である．図4.7は，液晶ディスプレイの解像度とドットの例である．

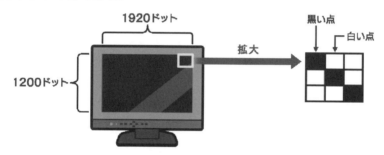

図 4.7　ディスプレイの解像度とドットの例

なお，プリンタはCMYK (Cyan Magenta Yellow Key) という，シアン・マゼンタ・黄・黒の4色のインクに濃淡を付けて混ぜ合わせて色を表現する方式である．ディスプレイの色の表現方式であるRGBと，このCMYKでは，表現できる色の範囲が異なる．そのため，ディスプレイの表示内容をプリンタで印刷したとき，RGBとCMYKのどちらでも表現可能な色の部分については，印刷時にあまり違和感を感じない．RGBで表現できてCMYKで表現できない色であれば，CMYKの中でできるだけ近い色に変換して印刷するので，違和感を感じることがある．

4.3 タブレットPCとスマートフォンのUI

　ここまで説明してきたものは，それぞれ独立した装置であり，従来のコンピュータを操作するには，これらの装置が必要である．しかし，近年普及したタブレットPCやスマートフォンは，これらの装置がなくても操作ができる．タブレットPCやスマートフォンは，ディスプレイとコンピュータ本体が一体となっており，ディスプレイを指で触れることにより，操作する．この操作方式をタッチ操作と呼ぶ．タブレットPCやスマートフォン以外にも，銀行のATMや駅の券売機はタッチ操作で操作できる(ただし，タブレットPCやスマートフォンのような多彩な操作方法はできない)．

　タッチ操作には，主に以下のようなものがある．

タップ　ポンと1度タッチすること(マウスでのクリック)

ダブルタップ　ポンポンと2度タッチすること(マウスでのダブルクリック)

ドラッグ　アイコンなどを押さえてディスプレイ上を指でなぞること

スワイプ　ディスプレイ上(アイコンなどではない場所)を指でなぞること

フリック　タッチした指を離さずに上下左右に軽く滑らせること

ピンチイン　2本の指を離れたところから近づけるように画面上を滑らせること

ピンチアウト　2本の指を近いところから離すように画面上を滑らせること

　タッチ操作は，直感的な操作ができることが利点である反面，細かい操作が難しいという欠点もある．特に，小さな対象物を指し示すときに，指の大きさのために対象物を誤認識してしまう「ファットフィンガー (fat finger)」問題が存在する。スマートフォンやタブレットで特にこの問題が顕著である。

4.4 CUIとGUI

　画面におけるユーザとコンピュータとの対話の方式は，主にCUI (Character User Interface) とGUI (Graphical User Interface) の2種類がある。

4.4.1 CUI

　CUIは文字だけでコンピュータを操作する方式である。ユーザはコンピュータに対する命令の名前 (コマンド名) や，命令に対してどのように入力値 (引数) を与えるかの書式を記憶して操作する。文字だけでコンピュータを操作するため，マウスが不要である。コマンド名や書式を覚える必要があるため，コンピュータの熟練者向けの操作方法と言われているが，それらを覚えてしまえば，GUIよりも操作は効率的にできる。図4.8は，CUIのアプリケーションの例である。

4.4.2 GUI

　ユーザが操作する対象を，ボタンや入力フィールドなどの形で図的に表示し，マウスで指し示したりタッチしたりしながら視覚的に操作する方式である。現在のアプリケーションの大半は，操作方式としてこのGUIを採用している。コマンド名や書式を覚える必要がないため，視覚で確認しながら操作可能である。GUIは，WYSIWYG (What You See Is What You Get) を実現したユーザインタフェースと言われる。WYSIWYGとは，目で見える通りに操作し，見える通りの結果を得ることができるということで，主にワープロソフトなどで，編集状態の画面表示が，画面表示の通りに印刷物になる，という概念である (以前は，編集状態の表示

図 4.8　CUI のアプリケーション例

と印刷物は異なるものであった)。図 4.9 は，GUI によるアプリケーション内のウィンドウの例である。

図 4.9　GUI でのウィンドウ例

4.5 GUI の特徴

4.5.1 メタファ

　GUI において，操作の対象物を表現するための方式の 1 つとして，「メタファ」が用いられている。メタファとは，「比喩」や「隠喩」などの意味であり，現実世界のものをコンピュータ内で擬似的に表現したもので

ある。また，メタファを小さな絵や記号で表したものが「アイコン」である。

　例えば，コンピュータにログインしたときに表示される画面を「デスクトップ」と呼ぶ。これは，コンピュータ内に，現実世界の作業机を擬似的に表現したメタファ (デスクトップメタファ) である。デスクトップにはゴミ箱のアイコンが表示されているが，これは，ゴミ，つまり不要になったファイルなどを捨てる場所を表したメタファである。様々なファイルのアイコンは書類を表し (ただし，ファイルはその形式により，アイコンの形は様々である)，フォルダは書類を入れる入れ物のメタファである (図 4.10)。

図 4.10　ゴミ箱，ファイル，フォルダのアイコンの例

4.5.2 メニュー

　GUI では，利用できる機能や選択できる項目をボタンの形で並べた「メニュー」がよく利用される。

　アプリケーションでは，機能をカテゴリに分類し，大きいカテゴリから小さいカテゴリを順に選択していく方式がよく用いられる。メニューバーなどの形で，アプリケーション内の固定された場所に表示されているメニューを「プルダウン (ドロップダウン) 形式」と呼ぶ (図 4.11。編集した文章をファイルを保存するときなどに利用する，「ファイル」というカテゴリから「保存」の項目を選択するときのメニューがこの例である。また，タブレット PC やスマートフォンのアプリでは，画面上にメニューへのアクセスボタン (「三」という形のハンバーガーボタンや，縦

に点が3つ並んだボタン)を配置し，このボタンをタップするとメニューが表示されることも多いが，これもプルダウン形式の一例である。

アプリケーション内の任意の場所で表示されるメニューを「ポップアップ形式」と呼ぶ(図 4.12)。文章中でマウスを右クリックして，「コピー」や「貼り付け(ペースト)」などの項目を選ぶことで，文章のコピー&ペーストを行うことができるが，このときに表示されるメニューがポップアップ形式の例である。

図 4.11　プルダウン形式の例　　図 4.12　ポップアップ形式の例

また，主に web ページでは，1 ページを左右や上下に分割し，分割した一部分に常に他の主要なページへのリンクを表示していることも多い。さらに，銀行の ATM や駅の券売機では，利用可能な機能をボタンの形で画面上に配置している。これらもメニューの一例である。

参考文献

[1] 岡田謙一, 西田正吾, 葛岡英明, 仲谷美江, 塩沢秀和著『ヒューマンコンピュータインタラクション [改訂第 2 版]』(オーム社, 2016)

5 | 見えない情報技術

兼宗進

《目標&ポイント》 現在，コンピュータの多くは様々な機器に内蔵されて動作している。これらの機器においてどのようにコンピュータが利用されているかを説明できるようになる。
《キーワード》 組込型コンピュータ，センサ，IoT

5.1 組込型コンピュータ

　生活や社会の中で，身の回りの多くの機器でコンピュータが使用されている。私たちがコンピュータとしてイメージするパソコン（PC）はパーソナルコンピュータと呼ばれ，人間が操作して使うためのコンピュータである。また，タブレットやスマートフォンの形でも人間が操作して使うためのコンピュータの普及が進んでいる。
　一方，機器に内蔵されたコンピュータも普及が進んでいる。家庭では，電子レンジ，冷蔵庫，エアコン，炊飯器など多くの電気製品にコンピュータが使われている。
　これらの機器で使われるコンピュータの特徴と，近年技術開発が進められているネットワークに接続しての利用を見ていく。

5.2 スーパーなどのPOSシステムの例

　スーパーマーケットやコンビニエンスストアのレジシステムを考えてみよう。商品のバーコードを機械に読み込ませると，金額が蓄積されて

いき，最後に合計金額が表示される。受け取った金額を入力すると，釣り銭とレシートが出力される。

　このような，商店の端末と商品を管理するサーバがネットワークで接続されて動作するシステムを POS システムと呼ぶ。サーバはネットワークで端末を支援するコンピュータである。POS システムのサーバは商品情報や売上情報をデータベースで管理し，端末に商品情報を送ったり，売上の情報を受け取ったりする。

　最近では買物客が自分で精算を行えるセルフレジシステムが利用されている。店員の人数を減らせることに加え，同じ面積でレジの台数を増やすことができ，支払いにかかる時間を短縮できることが利点である。現金を扱うための装置にはコストがかかることと現金の回収や補充の作業が発生することから，クレジットカードのみの支払いに対応している場合もある。レジを通さずに商品を持ち出す事故に対応するために，支払い済みの商品を入れるカゴの重さを観察するなどの工夫が行われている。

　商品に印刷されたバーコードには商品ごとに異なる国際商品コードと呼ばれる番号が記録されており，世界中の商品を識別することができる。レジでバーコードを読み取ると，商品番号がネットワーク経由でサーバに送られ，商品データベースを検索して調べた価格がレジに送られる。バーコードに書かれている情報は「国」「会社」「会社内の商品番号」の 12 桁と「チェックディジット」の 1 桁である。

　図 5.1 に国際商品コードの計算例を示す。12 桁の商品番号について，1 倍または 3 倍した結果を合計し，その 1 桁目を 10 から引いた数をチェックディジットとする。バーコードが汚れやかすれなどで正しく読めなかった場合には，どこかの桁の数字が正しく読めないことになり，番号から計算したチェックディジットが印刷されたチェックディジットと異なることから正しく読み取れなかったことを検出できる。

ISBN978-4-05-204653-7

C8055 ¥1500E

9784052046537

各桁	9	7	8	4	0	5	2	0	4	6	5	3	7	合計
乗数	1	3	1	3	1	3	1	3	1	3	1	3	1	
結果	9	21	8	12	0	15	2	0	4	18	5	9	7	110

図 5.1　バーコードとチェック桁計算の例（978-4-05-204653-7）

5.3 センサ技術

　パーソナルコンピュータは人間とのやり取りを行うための入力装置として，キーボードやマウスなどが使われる。これらは必要に応じて組込型コンピュータでも使われるが，それ以外の入力として各種のセンサが使われる。

　センサは外部からの入力を取り込む装置である。人間の五感に相当するセンサとしては，視覚（光センサ，画像センサ），聴覚（マイク，超音波センサ），触覚（接触センサ，圧力センサ），味覚（液体センサ），嗅覚（気体センサ）などがある。他のセンサとしては，温度センサ，湿度センサ，歪みセンサ，加速度センサ，角度センサなどがあり，人体など生体に利用されるセンサとしては脈拍や筋電などのセンサが使われる。地図上での現在位置を示すGPS（全地球測位システム）などもセンサの一種と考えられる。

5.3.1 スマートフォンの内蔵センサ

　身近な情報機器である携帯電話やスマートフォンには各種のセンサが内蔵されている。図5.2にスマートフォンのセンサの値を画面に表示した例を示す。ここでは加速度，角速度，画面への接触の有無，地磁気に対する傾きを表示している。

加速度	−0.274136
ジャイロ	−0.082861
磁気	266.348724
タッチ	いいえ

図 5.2　スマートフォンのセンサ値の表示例

5.3.2 加速度センサの利用例

　ここでは加速度センサについて具体的な例で利用を考えてみる。加速度センサを使うと，動き出したり止まったりといった速度の変化を検出できる。ここでは利用例として歩数を数える歩数計を考えてみよう。加速度センサを服のポケットなどに入れて歩行した場合には，歩くたびに前後や左右に揺れることに加え，上下の揺れが発生する。図 5.3 に歩行時の上下方向の加速度の計測値を示す。

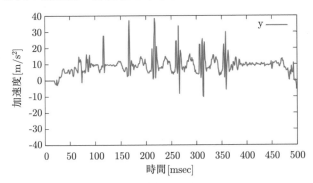

図 5.3　加速度センサによる歩行計測の例（縦方向）

　センサから入力した情報は，扱いやすい形に整形する必要がある。今回のデータでは，1 歩に複数のピークが現れていることがわかる。そのようなノイズ等の不要な情報を除去する処理を行った上で，波が上下にある一定の大きさを示したときに 1 歩とカウントすることが考えられる。

図5.4に計測値を平滑化した例を示す。

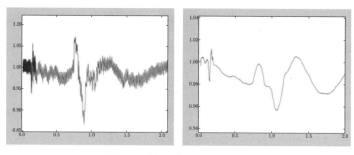

図 5.4　計測値の平滑化の例

ノイズに見える部分にも，実際には意味のある情報が含まれていることがある。複数の細かさの波が同時に含まれているときは，波をフーリエ変換などの方法で周波数ごとに分解し，その分布から情報を得ることができる。図5.5にフーリエ変換による周波数分布を示す。

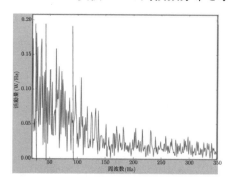

図 5.5　フーリエ変換による周波数分布の例

このように，センサからの計測値は逐次的に記録され，ノイズなどを除去した後に分析しやすいように整形してから目的に応じた用途に利用される。

5.4 IoTによるネットワークで結ばれた世界

パーソナルコンピュータやスマートフォンがインターネットに接続することで人間同士が相互に結ばれたように，組込型のコンピュータがインターネットに接続することで相互に協力して動作するIoT（Internet of Things）の利用が進められている。

図5.6にIoTを体験する学習用システムの例を示す。各種のセンサによって計測されたデータは小型マイコンであるラズベリーパイ（Raspberry Pi）で集約されインターネットを介してデータ蓄積サーバに送られ保存される。蓄積されたデータは随時分析が行われ，様々な形でフィードバックが行われる。

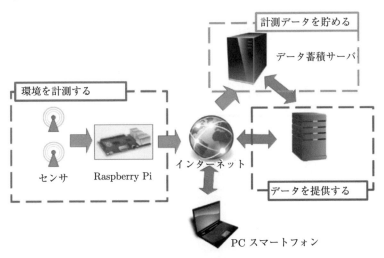

図5.6 授業用IoT体験システム

図5.7に温度センサの利用例を示す。ここでは室温を計測し表示している。温度センサに氷を近づけることで温度変化を確認することが可能

である。

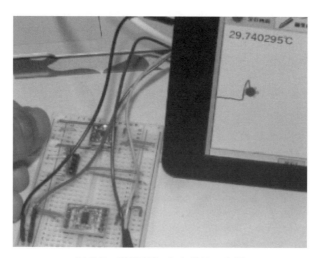

図 5.7　計測値によるグラフ表示

図 5.8 にサーバに蓄積されたデータの例を示す。測定された値の他に，測定した日付と時刻，測定したセンサの番号，送信した IP アドレスなどが記録される。

2016-5-22	04:27:02	1402577797.885	test	data1	1018.0751953	23.60625
2016-5-22	04:28:43	1402577898.408	test	data1	1018.2189941	23.6083333
2016-5-22	04:30:23	1402577998.919	test	data1	1018.3271484	23.6041667
2016-5-22	04:32:04	1402578099.449	test	data1	1018.2644043	23.6041667
2016-5-22	04:33:44	1402578199.97	test	data1	1017.4018555	23.59375

図 5.8　サーバに蓄積された計測データ例

蓄積されたデータは，後で取り出したり加工したりして使うことができる。図 5.9 に夜間を含む教室の温度変化の例を示す。

実際には，センサにより蓄積されるデータは膨大な量になるため，人間が手作業で分析を行うことは現実的でないことが多い。そこで，自動

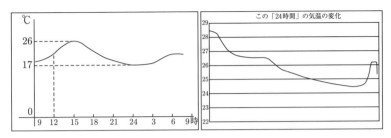

図 5.9　教室の夜間の温度変化

的にグラフ化して視覚的に判断をしやすく加工したり，人工知能技術を活用して，異常値などを検出して故障や事故などを未然に防ぐ利用が行われている．

5.5 入出力のあるプログラムの例

ここでは，8 章で詳しく説明するドリトル言語を使い，センサからの入力と LED への出力を扱う．

図 5.10　マイクロコンピュータ（RaspberryPi）の例

ドリトルはセンサ等の入力やモーター等の出力に対応している。ここでは，小型マイコンであるラズベリーパイでの動作を例に説明する。図 5.11 にラズベリーパイの外観を示す。左側は本体であり，右側は部品を置いて配線するためのブレッドボードである。本体には名刺程度の大きさの中に USB や HDMI の端子を備え，キーボードとディスプレイを接続すると，一般のパーソナルコンピュータとしても使用できる。本体の右側には線を接続する端子が並んでおり，ここにセンサなどを接続することで各種の入出力を行うことが可能になっている。

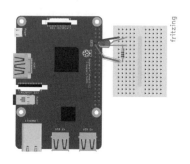

```
1   システム！"raspberry"  使う。
2   LED＝ラズパイ！4 出力ポート。
3   「
4       LED！1 書く。
5       ラズパイ！1  待つ。
6       LED！0 書く。
7       ラズパイ！1  待つ。
8   」！10 回  繰り返す。
9   LED！後始末。
```

図 5.11 LED 出力のプログラム例

　ラズベリーパイの上でドリトルを実行すると，プログラムから入出力

を扱うことができる．図 5.11 に端子に接続した LED を 1 秒間隔で点滅させるプログラムを示す．1 行目はラズベリーパイを使うことを宣言している．2 行目は 4 番の端子を LED という名前で出力に使うことを宣言している．3 行目と 8 行目は，その間の行のプログラムを 10 回繰り返して実行することを指定している．4 行目は 1 を端子に出力することでLED を点灯し，5 行目はその状態を 1 秒間保持し，6 行目は 0 を端子に出力することで LED を消灯し，7 行目はその状態を 1 秒間保持する．9 行目は端子の使用を終了している．

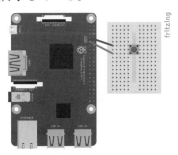

```
1    システム！"raspberry" 使う。
2    SW＝ラズパイ！4 入力ポート。
3    SW！プルアップ。
4    値＝フィールド！作る。
5    時計＝タイマー！作る  1秒  間隔  60秒  時間。
6    時計！「
7       値！（SW！読む）  書く。
8    」実行。
9    SW！後始末。
```

図 5.12　スイッチ入力のプログラム例

図 5.12 に端子に接続したスイッチの入力を監視することで，スイッチが押されているかどうかで 0 と 1 の値を表示するプログラムを示す．2

行目は4番の端子をSWという名前で入力に使うことを宣言している。3行目はスイッチを押したときに1を表示することを宣言している。4行目は画面に表示欄を作っている。5行目は1秒間隔で60秒間の繰り返しを指定している。6行目と8行目は，その間の行のプログラムを繰り返して実行することを指定している。7行目はスイッチから値を読み，画面に表示している。

演習問題

1. 身近な家電製品のどこにコンピュータが内蔵されているかを調べ，使用しているセンサを表にしてまとめよ。
2. 文房具や飲料などの容器に印刷された商品バーコードについて，本文で説明した計算方法で12桁の商品番号からチェックディジットを計算せよ。正しい商品番号で計算するほかに，わざと1桁以上誤った商品番号から計算することで，印刷されたチェックディジットとの比較を行うこと。

6 | コンピュータにおける数値の表記

辰己丈夫

《**目標＆ポイント**》 コンピュータは数値をデジタル表記によって取り扱う機械である。ここでは，コンピュータ内部での数値の取り扱いについて述べる。
《**キーワード**》 二進法，十進法，十六進法，補数を利用した負数の表記，加算，乗算，浮動小数点表記

6.1 数学における記数法

6.1.1 本書での記法

冒頭に，十進法について説明するが，その前に，「10進法」の「10」は，何進法で書かれているのか？，という疑問が生じないように配慮することが必要なときに，以下の●の個数を，漢数字の「十」で表す。

●●●●●●●●●●

また，漢数字で数を表すときは，私たちが自然に思う数のこととする。例として，十六とは，（十進法の）16のことである。

6.1.2 位取り記数法

位取り記数法とは，この地球上の私たちが，普段，「数が持つ情報」を数字を並べて表すときに利用している方法である。

私たちは数字列を「数である」と考えがちだが，実際は，数字の列は，「数が持つ情報」を「データとして表現したもの」である。

このときに使われる数の個数を「桁数」という。

6.1.3 n 進法

n 個の数字を用いた位取り記数法を，n 進法という。このとき，n を**基数**という。$1234_{(10)}$ のように，数字の並びの右下に基数を書くことがある。

以下，本書では，基数と桁数は，常に十進法で示す。

10 進法では，数は次のように増えていく。

$0, 1, .., 9, 10, 11, ..., 99, 100, 101, 102, ... , 997, 998, 999, ...$

この地球上の人間は，10 進法を用いることが多い。これは，指の本数で数を数えることが原因である。

2 進法では，数は次のように増えていく。

$0, 1, 10, 11, 100, 101, 110, 111, 1000, 1001, 1010, 1011, 1100, ...$

60 進法を用いるのは，「分」と「秒」を表すときである。

0 分 0 秒，0 分 1 秒，...., 0 分 59 秒，1 分 0 秒，...., 59 分 59 秒

6.1.4 2 進法と 16 進法の相互変換

16 進法で扱われる数字は 16 種類ある。これを $0, 1, 2, 3, 4, 5, 6, 7, 8, 9$ と，A, B, C, D, E, F で記す。

16 進法は次の表で変換できる。

16 進法	0	1	2	3	4	5	6	7
2 進法	0000	0001	0010	0011	0100	0101	0110	0111
16 進法	8	9	A	B	C	D	E	F
2 進法	1000	1001	1010	1011	1100	1101	1110	1111

例えば，次の式が成り立つ。

$A3_{(16)} = 1010\ 0011_{(2)} = 10100011_{(2)}$

2 進法で書かれた数を 16 進法で表記するときは，2 進法表記の右から

4 ビットずつを区切り，それぞれを 16 進法で読めばよい。

例：1100000001010000000000000000000$_{(2)}$

= 1100 0000 0101 0000 0000 0000 0000 0000$_{(2)}$ = C0500000$_{(16)}$

6.1.5 2 進法と 10 進法の変換
10 進法から 10 進法へ

まず，10 進法表記の数値から，10 進法表記の各桁の数字を取り出す方法を考える。

以下では，10 進法で 1179 と表される数を用いる。この数（4 つの数字の並び）は，

$$1179 = 1 \times 10^3 + 1 \times 10^2 + 7 \times 10^1 + 9 \times 10^0$$

という式で表される値を表している。($10^0 = 1$ である。)

さて，1179 という数の 1 の位の数字 9 は，1179 を 10 で割った余りとして求めることができる。では，10 の位の数字 7 を求めるにはどうすればいいか？　それは，さきほど行った割算の商の値 117 の 1 の位を取り出せばいい。

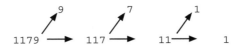

まとめると，以下のとおりになる。
- 10 で割った余りを書く→ 9
- そのときの商を 10 で割った余りを書く→ 7
- さらに，次の商を 10 で割った余りを書く→ 1
- さらに，次の商を 10 で割った余りを書く→ 1

10 進法から 2 進法へ

　上の計算のときの，割る数 10 を 2 と読み替えるだけで 2 進法の各桁を求めることができる。

　例えば，10 進法で 11 と表される数を 2 進法で表すと，

よって，11 = 1011$_{(2)}$ がわかる。

2 進法から 10 進法へ

　数字「1, 1, 7, 9」を利用して，1179 という数値を次の方法で組み立ててみる。

$$1 \xrightarrow{1} 11 \xrightarrow{7} 117 \xrightarrow{9} 1179$$

この組み立て方の特徴は，
- 元の数値の左から数字を見て
- 10 倍しながら加える

という操作の繰返しになっている。

　同じことを 2 進法表記でも考えることができる。2 進法の場合は，桁が 1 つ増えるごとに値は 2 倍になる。そのことに注意すると，次の関係式を得る。

$$1_{(2)} \xrightarrow{0} 10_{(2)} \xrightarrow{1} 101_{(2)} \xrightarrow{1} 1011_{(2)}$$

これを 10 進法で書いてみると

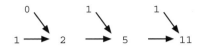

となる。すなわち、$1011_{(2)} = 11$ である、といえる。

6.2 コンピュータ内部での数の表記

6.2.1 ビットとバイト

ビット (bit) とは、後述する「デジタルデータ」の基本となる単位であり、また、それで表記されたものでもある。2種類あり、例えば、「0 と 1」で表されることが多いが、「左と右」「白と黒」「N 極と S 極」などで表すこともある。

コンピュータの内部では、電流の有無という 2 種類の違いで状態を表記できる。そこで、コンピュータでの基本的な単位はビットを用いる。なお、ビットを並べたものをビット列という。

さらに、通常 8 ビットのことを 1 バイト (byte) と呼ぶ。

6.2.2 固定長と可変長

位取り記数法では、自然数（ここでは 1 以上）を表記するときに、その数の大きさに合わせていくつもの数字を利用する。様々な数を取り扱う際に、どんな大きな数でも表記できる。

一方で、コンピュータの内部では、記録される領域の大きさに上限[1]がある。そこで、一定個数の数字を使うように、位取り記数法の表記の左

---

1) この上限は、CPU の性能に依存している。
- 1970 年代は 8 ビット CPU、使える数は 0 から 255
- 1980 年代は 16 ビット CPU、使える数は 0 から 65535
- 1990 年代は 32 ビット CPU、使える数は 0 から 4294967295

現在は、64 ビット CPU を利用したものが増えている。

側に 0 を並べて，数字を n 個にした数表記を用いる．これを，**固定長表記**といい，特に n 個のビットを用いたビット列で表記する場合，**n ビット表記**という．これに対して，従来の数は**可変長表記**となる．

例えば，8 ビット表記を採用した場合，（後述する）文字 A の文字コード $65_{(10)}$ を 2 進法で表すと，$1000001_{(2)}$ という 7 桁の 2 進法表記となるが，これを 8 ビット表記になるように，左に 1 つの '0' を追加し，$01000001_{(2)}$ を利用する．（表 6.1）

表 6.1　2 進法表記と固定長表記

2 進法表記	1	1000001	10000001
8 ビット表記	00000001	01000001	10000001

このように，数を表す桁数を常に一定にしておくと，データを取り扱いやすくなる．

6.2.3 桁あふれの取り扱い

n ビット固定長表記での計算途中で，数が大きくなり過ぎて桁が足りなくなることを「桁あふれが発生した」という．このときに，右側の n ビットだけを用いると，計算結果を 2^n で割った余りを求めることができる[2]．

表 6.2　桁あふれの対応

10 進法表記	9	265
2 進法表記	1001	100001001
8 ビット表記	00001001	桁あふれ
2 進法表記の右側 8 ビット	00001001	00001001

---

[2] ある数の 10 進法表記の右 3 桁は，その数を 1000 で割った余りであることと，同様である．

例えば（表 6.2），265 の「8 ビット表記の右側 8 ビット」は，「265 を 256 で割った余り = 9 の 8 ビット表記」と同じである。

そこで，「265 は 9 と同じ」と見なすことにする[3]と，後述する「減算」が簡単になる。

6.2.4 n ビット表記での基本的な演算

加算： ビットごとに和をとり，繰り上がりが生じたときは左に加える。
例：$001000001_{(2)} + 000001001_{(2)} = 001001010_{(2)}$

減算： 後述する「2 の補数表記」（正確には，2^n の補数表記）を利用して，「負の数の加算」とする。

乗算： 「2 倍する」という計算が，「1 ビット左ずらし」でできるので，それと加算を利用する。
例：$010000010_{(2)} \times 10_{(2)} = 100000100_{(2)}$
例：$010000010_{(2)} \times 11_{(2)} = 010000010_{(2)} \times (10_{(2)} + 1_{(2)})$
　　$= 100000100_{(2)} + 010000010_{(2)} = 110000110_{(2)}$

除算： 上記の回路を組み合わせて計算をする。

6.3 ビットを利用して負の数を表す

6.3.1 補数

準備として，補数について述べる。

U を，その世界で扱える数の最大値より 1 大きい数とする。（例えば，8 ビット CPU なら $2^8 = 256$ であり，分秒なら 60，角度なら 360 である。）

ここで，$c = U - a$ で求められる c を「U に対する a の補数である」という。例えば，$U = 60$ とすれば，10 は 50 の補数となり，3 は 57 の補数

---

[3] 15 時を，午後 3 時とみなすのと似ている。

となる[4]。また、$U = 180$ とすれば、60 は 120 の補数となり、45 は 135 の補数となる。

6.3.2 2の補数表記

負の数をビット列で表記するには、様々な方法があるが、ここでは実際のコンピュータで用いられている「2の補数表記」[5]を利用する。この方法は、例えば、固定長として8ビットを採用するなら、$U = 2^8$ として、

-10 を表す8ビットの列は、
$2^8 - 10$ を表す8ビットの列である

という方法である。

この方法を次の手順で計算する。まず、246 は、256 を全体としたときに10の補数となっていることに注意し、次の補助定理を準備する。

【補助定理】ある数 q の8ビット2進法での表記（ビット列）の0と1を反転させた数を $R(q)$ とすると、$q + R(q) = 255$ が成り立つ。

$$
\begin{array}{r|l}
0\ 0\ 0\ 0\ 1\ 0\ 1\ 0 & q = 10 \\
 & \downarrow \text{ビット反転} \\
+\ 1\ 1\ 1\ 1\ 0\ 1\ 0\ 1 & R(q) = 245 \\
\hline
1\ 1\ 1\ 1\ 1\ 1\ 1\ 1 & 255
\end{array}
$$

詳しい証明は略す。

---

4) 11時57分を、「12時3分前」というのと同じである。
5) 8ビット固定長の場合は、$U = 2^8$ と考えて「2^8 の補数表記」という意味であるが、通常は「2の補数表記」といわれる。

10 の 2 進法表記の 0 と 1 をすべて反転させると，$11110101_{(2)}$ となり，これは，245 と同じとなる．

私たちが欲しいのは，-10 の 8 ビット表記，すなわち，$2^8 - 10 = 246$ の 2 進法表記である．そこで，245 の 2 進法表記を作って，それに 1 を加えればよい．

	-10 ← 求めたい数
	↓ -1 倍する
0 0 0 0 1 0 1 0	10
	↓ ビット反転
1 1 1 1 0 1 0 1	245
	↓ 1 を加える
1 1 1 1 0 1 1 0	246

このときのビット列表記を「符号あり整数」と呼ぶ．

なお，8 ビット固定長で考えるときは，符号なしビット列表記では，0 から 255 までを表記できるが，符号ありビット列表記では，-128 から 127 までを表記するとみなす．

よって，11110110 を符号なしで解釈すると 246 であり，符号ありで解釈すると -10 となる．このようにすると，以下のとおりに減算が可能となる．

$$19 - 10 = 19 + (-10) = 19 + 246 = 265$$

となる．そして 265 を桁あふれ対応すると 9 になることから，

$$19 - 10 = 19 + (-10) = 19 + 246 = 265 = 9$$

と計算ができる[6]．

---

6) 例えば，「12 分に 57 分を加えると 9 分である．」とするのと同じである．$U = 60$ のとき，3 は 57 の補数であるから，57 を加えるのは，3 を引くことと同じである．

6.4 2進法とビットを利用して小数を表す

6.4.1 小数点の取り扱い

まず，可変長，すなわち従来の数学における 2 進法表記での，小数点の取り扱いについて述べる。

2 進法から 10 進法へ

10 進法の場合，整数部分（小数点の左）に並んだ数字は，右に進むと，「万 → 千 → 百 → 十」のように $\frac{1}{10}$ 倍の値になっていく。そこで，位取り記数法では，小数点の右に並べられた数字も，右に進むほどに $\frac{1}{10}$ 倍とする。すなわち，

$$1.27 = 1 + 2 \times \frac{1}{10} + 7 \times \frac{1}{10^2}$$

を表している。このことから，小数点の位置が右に動くと値は 10 倍になる。例えば

$$1.27 \stackrel{10 倍}{\to} 12.7 \stackrel{10 倍}{\to} 127$$

2 進法の場合も同じように「小数点の位置が右に動くと値は 2 倍になる」として現れる。すなわち，

$$1.101_{(2)} \stackrel{2 倍}{\to} 11.01_{(2)} \stackrel{2 倍}{\to} 110.1_{(2)} \stackrel{2 倍}{\to} 1101_{(2)} = 13$$

よって，$1.101_{(2)} = \frac{1101_{(2)}}{2^3} = \frac{13}{2^3} = 1.625$ となる。

10 進法から 2 進法へ

2 進法での小数表記を求める。

- $x = 0.0\cdots_{(2)}$ と表されるならば，$2x = 0.\cdots_{(2)}$ となる。
- $x = 0.1\cdots_{(2)}$ と表されるならば，$2x = 1.\cdots_{(2)}$ となる。

以上より，x を 2 倍して，1 より大きいかどうかを調べると，小数第 1 位の数字が 1 か 0 かがわかる。また，小数第 2 位は，$2x$ の小数第 1 位に

なっているので，$2x$ の小数部分を 2 倍して調べることで，そこが 0 か 1 かがわかる．まとめると，
- x を 2 倍する．
- $2x$ が 1 以上か 1 未満かを調べる．
- $2x$ の小数部分を取り出す．
- 取り出した数を 2 倍する．
- この作業を「小数部分が 0 になる」あるいは「小数部分に一度出てきたものと同じものが出てくる」まで続ける．

例えば，
$$0.625 \quad \times 2 = 1.25 \quad = 1 + 0.25$$
$$0.25 \quad \times 2 = 0.5 \quad = 0 + 0.5$$
$$0.5 \quad \times 2 = 1 \quad = 1 + 0$$

なので，$0.625 = 0.101_{(2)}$ であることがわかる．

6.4.2 浮動小数点表記

コンピュータの内部では，整数でない数を表す際に，以下の式が成り立つように，「符号部」「指数部」「仮数部」の 3 つのビット列を利用する**浮動小数点表記**という方法を利用する．

$$(-1)^{符号部} \times 2^{指数部} \times (1 + 仮数部)$$

なお，この式の符号部は 0 または 1，指数部は整数，仮数部は 0 以上 1 未満の数，である．

例えば，$x = 3.25$ の場合は，以下のようにして求めることができる．
- $x > 0$ なので，符号部は 0
- $3.25/2 = 1.625$ より，仮数部は 0.625
- $x/1.625 = 2 = 2^1$ なので，指数部は 1

以上より，次の等式が成り立つ．

$$x = 3.25 = (-1)^0 \times 2^1 \times (1 + 0.625)$$

そして,「符号部 0」「指数部 1」「仮数部 0.625 の小数点の右側」をビット列で表すと，0 1 101 となる。

実際のコンピュータでは，これらを固定長で表現する。例えば，広く利用されている IEEE754 という方式では，32 ビットを用いて表し，

- 符号部は，1 ビット固定長　→ 0
- 指数部は，指数部の値に 127 を加え，8 ビット固定長
   → 10000000
- 仮数部は，小数部 $0.101_{(2)}$ の 23 ビット固定長
   → 10100000 00000000 0000000

とする[7]。すなわち，実際には以下のビット列が 3.25 を表す。

0 10000000 10100000000000000000000 =

01000000 01010000 00000000 00000000 = $40500000_{(16)}$

この他にも様々な小数の表現方法がある。

---

[7] わかりやすいようにビット列に空白を入れているが，実際のビット列には空白はない。

演習問題

1. 次の変換をせよ。
    (a) $77_{(16)}$ を 2 進法で表せ。
    (b) $11011010_{(2)}$ を 10 進法で表せ。
    (c) 133 を 2 進法と 16 進法で表せ。
    (d) $0.1_{(2)}$ を 10 進法で表せ。
    (e) 0.8 を 2 進法で表せ。
2. 次の問に答えよ。
    (a) 100 を 8 ビット表記せよ。
    (b) −100 を 8 ビット表記せよ。
    (c) 0.8 を IEEE754 方式で表記せよ。
3. 16 ビット CPU で扱える数は，符号なしとみなすと，0 から $2^{16}-1$ である。このビット列を符号つきとみなしたとき，表記できる数の範囲を求めよ。

参考文献

[1] 久野 靖，佐藤 義弘，辰己 丈夫，中野 由章（監修）『キーワードで学ぶ最新情報トピックス 2017』（日経 BP 社，2017）ISBN-10: 4822292215

[2] Brian W. Kernighan（著），久野 靖（翻訳）『ディジタル作法 – カーニハン先生の「情報」教室 –』（オーム社，2013）ISBN-10: 4274069095

[3] Tim Bell,Ian H.Witten and Mike Fellows（著），兼宗 進（監訳），久野 靖（追補）『コンピュータを使わない情報教育アンプラグドコンピュータサイエンス』（イーテキスト出版，2008 年）ISBN978-4-904013-00-7（無料 PDF あり）

7 | データの符号化／デジタルデータ

辰己丈夫

《**目標＆ポイント**》 文字をビット列で表す文字コードについて述べる。また，光や音などのアナログデータをデジタルデータに変換する方法と，データ圧縮，エラー検出・訂正について述べる。
《**キーワード**》 アナログ，デジタル，ビット，バイト，A／D変換，D／A変換，ハミング距離，データ圧縮，誤り訂正符号

まず最初に，文字コードについて述べる。その後，様々な情報を，ビット列のデータにする方法について述べる。

7.1 文字コード

7.1.1 文字と文字コード

自然言語で利用される文字に対して，適切なデータを付番して，文字の列を表現するとき，その付番されるデータ(数値)を，それぞれの文字に対する「文字コード」という[1]。文字番号の意味である。

また，文字コードを付ける対象文字の集合を，文字集合 (character set) という。その上で，それぞれの文字とビット列との対応を定める。こうした対応を文字符号 (character coding) という。

通常，文字コードはビット列で表現するが，現在利用されているコンピュータやネットワークでは，英文字では8ビット固定長を採用している。

---

[1] 正書モンゴル語のように，文字単位に分割できない場合は，この資料では扱わない。(省略する)

Aの文字コード 65 → 1000001$_{(2)}$ → 0100 0001

また，文字列は文字コードの列，すなわち付番される「ビット列」の列で保存されている。「ビット列」の列ということは，ビット列である。

7.1.2 文字符号の工業規格

文字符号は，コンピュータやOSによらず共通であることが望ましい。そこで，国際標準化機構 (ISO, International Standardization Organization) が規格を定めており，各国もこれに準拠して自国の規格を定めている。その中でも，基本的な規格となるのが，アメリカのASCII (American Standard Code for Information Interchange) である。その設立の経緯は，以下のとおりであった。

- 1960/10　ASA(American Standard Association) が文字コードの提案を作り始める
- 1961/ 5　ISOの文字コード委員会設置決定
- 1961/ 7　ASAが7bitコード開発
- 1961/ 1　ASAが7bitコード「pASCII」発表
- 1962/ 5　ASAがISOに「pASCII(7ビット案)を国際規格に」と提案
- 1962/10　ISOに7ビット案と6ビット案が提案され投票開始
- 1963/ 1　ISOで投票の結果，7ビット案がサポートなしで賛成
- 1963/ 6　pASCIIがASCIIとして正式決定
- 1966/　　ISO R 646(Rは勧告 recommendation の意味)で6ビット案と7ビット案が併記
- 1967/12　ISO R 646が国際規格として決定
- 1969/　　日本で「情報交換用符号 JIS C 6220」が決定

1973/ ISO R 646 の 7 ビット案が ISO646 として決定

1987/ 「情報交換用符号 JIS C 6220」が「JIS X 0201」に名称変更

日本工業規格の文字符号

日本工業規格 (JIS, Japan Industrial Standards) が定めている文字符号には，主として英字・数字などだけを対象とした 8 ビットの単一単位符号 (JIS X 0201) と，漢字を対象とした 16 ビットの複数単位符号 (JIS X 0208) とがある．表 7.1 に示す．

表 7.1　日本で利用される主な文字コード

ASCII	(半角で表されることが多い．) 英語の文字コード
JIS X 0201	ASCII を一部改変し，さらにカタカナを追加したもの．(半角で表されることが多い．)
JIS X 0208	アルファベット，算用数字，各種記号，ひらがな，カタカナ，漢字 (常用漢字のほとんど) (全角で表されることが多い．)
JIS X 0212	補助漢字
JIS X 0213	人名や地名などにまれに用いられる漢字，丸数字など

単一単位符号 JIS X 0201

ASCII および JIS X 0201 と呼ばれる規格の文字コード表を表 7.2 に示す．なお，JIS X 0201 は，ASCII とほとんど同じで，異なるのは，表 7.3 の 2 点だけである．この図形文字の集合を，万国参照集合 (IRV, International Reference Vesion) という．

表 7.2 ASCII および JIS X 0201

		0 000	1 001	2 010	3 011	4 100	5 101	6 110	7 111
0	0000	NU		SP	0	@	P	`	p
1	0001			!	1	A	Q	a	q
2	0010			"	2	B	R	b	r
3	0011			#	3	C	S	c	s
4	0100			$	4	D	T	d	t
5	0101			%	5	E	U	e	u
6	0110			&	6	F	V	f	v
7	0111	BL		'	7	G	W	g	w
8	1000			(	8	H	X	h	x
9	1001			)	9	I	Y	i	y
A	1010	LF		*	:	J	Z	j	z
B	1011		EC	+	;	K	[	k	{
C	1100	FF		,	<	L	¥	l	|
D	1101	CR		-	=	M	]	m	{
E	1110	SO		.	>	N	^	n	‾
F	1111	SI		/	?	O	_	o	DL

上位 3 ビット（列見出し）／下位 4 ビット（行見出し）

表 7.3 ASCII と JIS X 0201 の相違点

$5C_{16}$	JIS では円記号 (¥)，ASCII では逆斜線 (\)
$7E_{16}$	JIS では上線 (̄)，ASCII ではチルダ (~)

複数単位符号 JIS X 0208

英字・数字と若干の特殊記号だけなら，ASCII の 7 ビットのビット列 1 個で対応を付けることができる．しかし，日本語のように多数の文字を使う場合には，これでは表現できない．こうした場合には，より長いビット列を用いて 1 文字を表現する方式をとる．例えば，JIS X 0208 では，文字「漢」は $3441_{(16)}$ で，文字「字」は $3B7A_{(16)}$ で表される．

7.1.3 図形文字と制御機能文字

印字したり表示したりする文字に加えて，印字装置や表示装置を制御するためのビット列も含まれている．前者を図形文字 (graphic character) といい，後者を制御機能 (control function) という．図形文字は，$21_{(16)}$ から $7E_{(16)}$ に配置してある．残りの $00_{(16)}$ から $1F_{(16)}$ と $20_{(16)}$，$7F_{(16)}$ はいずれも制御機能である．表 7.2 の制御機能のうち，主立ったものを解説しておく．

- **NU** 間隙 (null)．媒体上での空きを埋めるのに使う．
- **BL** ベル (bell)．ベルを鳴らす．
- **LF** 改行 (line feed)．1 行分紙を送る．
- **FF** 書式送り (form feed)．次の用紙まで紙を送る．
- **CR** 復帰 (carriage return)．行の先頭に戻る．
- **SO** シフトアウト (shift out)．*SI* と組みにして図形文字を拡張するのに使う．
- **SI** シフトイン (shift in)．*SO* と組みにして図形文字を拡張するのに使う．
- **EC** 拡張 (escape)．次に続くいくつかの単位と組みにして制御機能を拡張するのに使う．
- **SP** 空白 (space)．1 字分の間隔を空ける．図形文字として扱うこ

ともある。

 DL 抹消 (delete)。不要な情報を削除したことを示す。

7.1.4 エンコーディング（文字符号の切り替え）

　単一単位による文字表現と複数単位による文字表現が混在する場合には，区別を付けるために適切な工夫を必要とする。文字符号を切り替えて使える図形文字を拡張するための規格が ISO-2022 である。ある文字コードの体系に，別の文字コードの体系を解釈しながら埋め込むことから，「エンコーディング」と呼ばれる。

例：**JIS エンコーディング (ISO–2022–JP)**

　ISO–2022–JP は，現在でも電子メールの送受信などでよく利用されているエンコーディングの方法である。「JUNET コード」と呼ぶこともある。ここに配置する文字集合を切り替えるには，次のものを使う。

   JIS X 0201 への切替え 1B 28 4A (*EC*(J)

   ASCII への切替え   1B 28 42 (*EC*(B)

   JIS X 0208 への切替え 1B 24 42 (*EC*$B)

　JIS X 0208 に切り替えるとそれ以後は，2 単位ずつが一組となって 1 個の図形文字を表すことになる。例えば，「ABC 漢字 XYZ」を表現するビット列は十六進で，表 7.4 のとおりとなる。

表 7.4　ABC 漢字 XYZ のビット列の 16 進表記

A	B	C	(漢字 IN)		漢	字	(漢字 OUT)		X	Y	Z
A	B	C	*EC*	$ B	4 A	; z	*EC*	(B	X	Y	Z
41	42	43	1B	24 42	34 41	3B 7A	1B	28 42	58	59	5A

例: EUC–JP エンコーディング

EUC(Extended Unix Code) は，Unix で使われているエンコーディングの方式である。日本語を使う EUC–JP では，JIS X 0208 の文字の各単位それぞれの最左ビットを 1 とする。(十六進で $1000_{(16)}$ を加える。)

例えば，「漢」は，JIS X 0208 で $31\,41_{(16)}(00110001\,01000001_{(2)})$ であるから，EUC–JP で $B1\,C1_{(16)}(10110001\,11000001_{(2)})$ となる。

例: SJIS(Shift JIS)(MS–Code) エンコーディング

SJIS(Shift JIS) という通称で呼ばれている。Microsoft 社が自社製品の MS–DOS 用に工夫した文字表現である。

7.1.5 Unicode (ISO–10646)

コンピュータが普及するにつれて，アメリカやヨーロッパ以外の国もまた，コンピュータを利用した情報処理を行うようになった。その中でも，最も早くから取り組んでいたのは日本であった。だが，韓国や中国やタイなどでも，その国の独自の文字をコンピュータで処理して利用したい，という需要が生じ始めた。

そこで，世界中の文字 (正しくは主立った国で使われている文字) すべてを集めた文字集合を対象として 16 ビットのビット列で表現する文字符号が，ISO で規格 (ISO–10646) となった。

現在では，web を利用した通信の多くが，Unicode を利用しているものの，実装にいくつかの違いがあり，ときどき混乱[2]が生じている。

---

[2] 「チルダ」の Unicode 問題や，「ハイフン」の Unicode 問題。あるいは，「カ"」(ka に濁点文字を付加) と「ガ」(ga) の違いの問題など。

7.2 情報のデジタル化（概論）

情報のデジタル化とは，「様々な『伝えたいこと』『記録したいこと』を，データにすること」である。「情報」には，大きく 2 種類がある。

離散的な情報： 最初からバラバラな値をとることがわかっている情報。値がバラバラなので，ビット列を割り当てることで簡単に表現できる。例えば，「文字」「文章」や，「日付」など。

連続的な情報： 計測することでビット列で値（近似値）を表現できる情報。近似値の場合は正確な表現とならないため，必ず「情報の欠損」が生じる。

前章（第 6 章）と，本章（第 7 章）のここまでに取り扱ってきた情報は，すべて離散的な情報であった。

本章では，このあとは連続的な情報のデジタル化について述べる。

7.3 色のデジタル化

私たち人間の目にある網膜細胞は，「赤 (R)」「緑 (G)」「青 (B)」の 3 つの色の光の強さの違いを，色として認識している。そこで，コンピュータが色を扱うときには，それぞれの色の強さをデジタルデータで表現すればよい，ということになる。このような色の作り方を，RGB の 3 色を加えていくことで作り出すことから，「加法混色」という。

実際には，「赤 (R)」「緑 (G)」「青 (B)」の 3 つの色の光の強さを数値化して，それぞれ一定のビット数で表記する。実際の多くのコンピュータは，それぞれの光の強さを 0 から 255 までの 2^8 段階で表記する。これを**階調**という。8 ビットで表すので，24 ビットで色を表すことができる。$2^{24} = 16777216$ であることから，「1677 万色」と表記されることもある。各色に割り当てるビット数を多くすると，さらに多くの色を表現

表 7.5　RGB と基本となる 8 色

	RGB = (255, 255, 255) 白	
RGB = (0, 255, 255) 水色	RGB = (255, 0, 255) 紫	RGB = (255, 255, 0) 黄
RGB = (0, 0, 255) 青	RGB = (0, 255, 0) 緑	RGB = (255, 0, 0) 赤
	RGB = (0, 0, 0) 黒	

できるが，通常の人間の目では，「1677 万色」あれば十分であるといわれている。

　なお，白い紙の上に塗られたインク（絵の具）は，紙の表面で反射する光を遮っている。どの光を遮るかはインクごとに違うが，「赤 (R)」「緑 (G)」「青 (B)」の反対となる色，「水色 (C)」「紫 (M)」「黄色 (Y)」のインクが用いられる。この方法を，「減法混色」と呼び，印刷業界などで利用されている。

7.4 画像のデジタル化

　コンピュータで画像を取り扱うときは，以下の 2 通りのいずれかを用いることが多い。

7.4.1 ラスタ画像

　画像をたくさんのピクセルと呼ばれる正方形に分割して，各ピクセルの色を記録する，という方法である。分割するときの縦横の個数を，**解像度**という。

　例えば，解像度が横方向 1,920，縦方向 1,080，したがって 2,073,600

ピクセルに分割された写真を考えてみよう．個々のピクセルを，前節で述べた 24 ビットでデジタル化すると，データ量は 49,766,400 ビットのデータとなる．これは，約 622 万バイトとなることから，ASCII で 622 万文字分のデータ量を持つ．

　実際には，このような多量のデータを取り扱わずに，様々な方法でデータを圧縮している．

7.4.2 ベクトル画像

　主に人工的な図形で用いられる画像のデジタル化方式である．図形の形や，線の始点と終点などを式で表して保存する．写真のデジタル化には利用できない．

7.5 音のデジタル化

　音をデジタル情報にする方法も，画像と同じように 2 通りに分けて述べる．

7.5.1 PCM 方式

　波の波形をデジタルデータで記録することで，デジタル化を行う方式を，PCM という．音は，物理の観点で見れば，空気の疎密波である．したがって，PCM で記録できる．

　例えば DVD では，空気の圧力を，48kHz(1 秒間に 48000 回)，計測している．これを**サンプリング周波数**という．また，65,536 段階 (16bit) で圧力を測定している．これを**量子化ビット**という．また，左右についている耳に相当するチャンネルがある．結果としては，1 秒間あたりのデータ量は以下のとおりとなる．

$$48000 \times 16 \times 2 = 1,536,000 \text{ bit} = 192,000 \text{ byte}$$

すなわち，1秒間で，英文字で19万2千文字分のデータとなる．

7.5.2 MIDI などの楽譜方式

楽器を演奏する音楽であれば，PCM によって実際の演奏をデジタル化するのではなく，楽器の名前と楽譜をデジタルで記録することによって，音楽をデジタルデータで記録することができる．これは，実際の演奏を保存するのではないため，歌唱や，個別の楽器の音色には向かないが，演奏速度やキーを変更して演奏することも簡単に可能となる．

7.6 デジタル符号の圧縮

7.6.1 データ圧縮とデータ伸長

データ圧縮とは，「データが表現している情報を失わずにデータの量を減らす」ことである．表現される情報の特性を利用することで可能となる．伸長は，その逆である．「データ解凍」と呼ぶ人もいる．

可逆圧縮: 圧縮したものから元の情報を完全に復元できる方法．

非可逆圧縮: 元の情報には復元できない方法．人間の知覚では差異がわからない程度の復元が可能ならば様々に応用が可能である．

7.6.2 可逆圧縮の例: ランレングス圧縮

ビット列を値とその繰り返し回数で表す方法である．

1) s を，32 ビットのビット列

$$s = 00001100000001111100011111101000$$

とする．

2) 0 と 1 の繰り返しを数えると

0が4回，1が2回，0が7回，1が5回，0が3回，
 1が6回，0が1回，1が1回，0が3回

となる。
3) 繰り返し回数を並べる。

 4 2 7 5 3 6 1 1 3

4) 最大値が7なので，繰り返し回数を2進法3ビットで表現する。

 100 010 111 101 011 110 001 001 011

5) 以上より，27ビットに圧縮することができる。

アニメーション画像などの場合，同一の色が続くところが多いので，大幅に圧縮が可能となる。

7.6.3 頻度を利用した圧縮

ある高校で，1学年200人の出身中学校の一覧を，1番から200番の出席番号順に作ることになった。

出身中学校ごとの人数分布を調べてみたところ，表7.6のようになった。

表7.6 出身中学校の分布

中学校名	出身者数
第一中学校	120
西中学校	50
北中学校	20
東中学校	5
南中学校	3
第二中学校	2

以下，データの付け方を3通り紹介する。

方式 A

例えば，第一中学校出身者に「第一中学校」という文字列を付けると，

漢字5文字で表現できることから，1人当たりで80bitが必要となる。「第二中学校」も80bitである。他は漢字4文字なので64bitである。この方式では，生徒全員の出身中学校を表すデータ量は，

$$80 \times 120 + 64 \times 50 + 64 \times 20 + 64 \times 5 + 64 \times 3 + 80 \times 2 = 14752$$

より，14,752bitとなる。

方式B

学校は全部で6種類なので，3ビットのデータを付与することにした。($2^2 < 6 \leq 2^3$ であることに注意。)

表7.7 出身中学校の分布と割り当てとビットの長さ(方式B)

中学校名	割り当て	ビット列長
第一中学校	001	3
西中学校	010	3
北中学校	011	3
東中学校	100	3
南中学校	101	3
第二中学校	110	3

方式Bの場合，全員が3bitで表されるから，合計データ量は，$200 \times 3 = 600$ ビットである。

方式C

人数が多い中学校には短いビット列を，人数が少ない中学校には長いビット列を割り当てることにした。

表 7.8 出身中学校の分布と割り当てとビットの長さ (方式 C)

中学校名	出身者数	割り当て	ビット列長	合計の長さ
第一中学校	120	0	1	120
西中学校	50	10	2	100
北中学校	20	110	3	60
東中学校	5	1110	4	20
南中学校	3	11110	5	15
第二中学校	2	11111	5	10

方式 C の場合，$120 + 100 + 60 + 20 + 15 + 10 = 325$ ビットで表すことができる。

ここに述べた例のように，あらかじめデータの頻度を調べ，その計算結果に基づいて，割り当てビットの長さを設定する方法がある。その中でも，ハフマン圧縮法は，広く利用されている。(詳細は略すが，おおむね，上の例のように考えればよい。)

7.6.4 非可逆圧縮の例: JPEG 圧縮

画像データの圧縮方法として用いられている。大雑把には次の DCT (離散コサイン変換) と呼ばれる方法を使う。

1) 画像を適当に区切る。
2) 定められた方法で，配置を変える。
3) 各色ごとに，左上を中心とする同心円の円弧で色の濃さを近似する。
4) 中心から離れていく距離 r に応じて色の濃さのグラフを作る。
5) フーリエ変換をして cos の級数にする。主要部分は以下のとおり。
$$X_k = \frac{a_0}{2} + \sum_{n=1}^{N-2} a_n \cos \frac{nk}{N-1}\pi + \frac{(-1)^k}{2} a_{N-1}$$
6) 級数の値 $a_0, a_1, \cdots, a_{\{N-1\}}$ を記録する。

N を小さくすると画質が悪くなる。人間が必要としない高周波成分に対する情報を切り落とすことでデータ量を圧縮できる。写真画像などに向いている。

7.7 誤り検知と誤り訂正

コンピュータの記録装置では、ビットとしてN極とS極や、小さな穴を利用して記録したり、通信の際に電流の有無などでビットを送信している。だが、記録・通信したデータが、そのまま正確に読み出せるとは限らない。周囲の環境の変化（磁気や雷）や、機械の振動などによって、記録・通信したデータとは異なるデータを読み出すことがある。

その際に、データ誤りがあったことを検知したり、また、そのデータ誤りを訂正したりする必要が生じる。

7.7.1 パリティビットを利用した誤り検知

ASCIIの文字コードは、文字部分を7ビットを単位とし、冗長な1ビットを用いて、情報の正当性の検査ができる。実際には7ビットだけを情報表現に使い、全体としてビット1の個数が(例えば)偶数になるように残りの1ビットを付加して1バイトの信号として送り出すことで、通信経路上で誤りが生じたかどうかの判断ができる。この方式を、パリティビットを利用した奇偶検査(parity check)という。

表7.9　パリティビットの付与と検査

送信内容	0101001	0101001
送信データ	01010011	01010011
受信データ	01010011	01110011
検査	1が偶数個 → OK	1が奇数個 → NG
通信経路	順調だった	誤りが発生していた

パリティ計算を2回行う「水平垂直パリティ」という方法も利用されている。

```
送信内容        送信データ         受信データ
1 0 0 1       1 0 0 1 | 0      1 0 0 1 | 0
0 0 0 1       0 0 0 1 | 1      0 0 0 0 | 1
1 0 0 0       1 0 0 0 | 1      1 0 0 0 | 1
1 1 1 1       1 1 1 1 | 0      1 1 1 1 | 0
              ---------        ---------
              1 1 1 1 | 0      1 1 1 1 | 0
```

図7.1 水平垂直パリティを利用した誤り訂正

送信内容に付加されたパリティのおかげで，送信データでは，縦横どちら向きでも，1の個数は偶数個になっている。一方で，受信データを見ると，上から2行目と，左から4列目で，1の個数が奇数個になっている。このことから，送信データの2行4列目に誤りが発生したということがわかる。

演習問題

1. 自分の名前や住所の漢字を，JIS X 0208 のコード表から探せ。ある場合はコードを求めよ。ない場合は JIS X 0213 や，他のコード表を探すこと。
2. 画像ファイルの階調を下げたり，解像度を下げたりするアプリケーションソフトを探して，それを利用して写真を加工してみよ。
3. 水平垂直パリティを利用した誤り検査・訂正が有効に機能しないのは，どのようなときか。

参考文献

[1] Donald E. Knuth（著），廣瀬健（訳）『基本算法 The Art ofComputerProgramming』（サイエンス社，1978）ISBN-10: 4781903029

[2] Tim Bell,Ian H.Witten and Mike Fellows（著），兼宗 進（監訳），久野 靖（追補）『コンピュータを使わない情報教育アンプラグドコンピュータサイエンス』（イーテキスト出版，2008 年）ISBN978-4-904013-00-7（無料 PDF あり）

[3] 久野 靖，佐藤 義弘，辰己 丈夫，中野 由章（監修）『キーワードで学ぶ最新情報トピックス 2017』（日経 BP 社，2017）ISBN-10: 4822292215

[4] Brian W. Kernighan（著），久野 靖（翻訳）『ディジタル作法 – カーニハン先生の「情報」教室 –』（オーム社，2013）ISBN-10: 4274069095

8 | プログラミングの基本

兼宗 進

《目標&ポイント》 入門用のプログラミング言語であるドリトルのプログラムを理解し，基本的なプログラムを読み，自分で作成することができるようになる。
《キーワード》 変数，データ型，分岐，反復，関数

8.1 プログラミング言語

　コンピュータは特定の動作しか行えない機械と違い，実行するプログラムによって動作を変えることができることが大きな特徴である。
　コンピュータは電子計算機と呼ばれるように数を扱う機械であり，最終的には数値で表現された機械語と呼ばれるプログラムを実行する。しかし，人間が数字だけでプログラムを書くことは難しいため，人間が書きやすい形の人工言語として各種のプログラミング言語が提案され，利用されている。
　プログラミング言語で書かれたプログラムは，コンピュータが解釈できる機械語に変換されて実行される。このようなプログラムの変換はコンパイルと呼ばれ，変換するプログラムはコンパイラと呼ばれる。プログラムを一度に変換せずに，意味を解釈しながら実行するインタプリタと呼ばれる実行方式もある。
　プログラミング言語は数多くの種類がある。伝統的には，銀行系ではCOBOLが，科学技術計算にはFORTRANが，組込系ではCが使われ

てきた。最近では web ブラウザでは JavaScript が使われ，携帯電話やスマートフォンでは Java などの複数の言語が使われている。

8.2 ドリトルのプログラム例

本章では教育用に開発されたドリトルというプログラミング言語を扱うことにする。図 8.1 にドリトルのプログラム例を示す[1]。

```
1   かめた＝タートル！作る。
2   かめた！１００　歩く。
3   かめた！９０　左回り。
4   かめた！１００　歩く。
5   かめた！９０　左回り。
```

図 8.1　ドリトルのプログラム例

ドリトルのプログラムでは，最初に「オブジェクト」を作り，それに命令を送る形でプログラムを記述する。1 行目は「タートル」という種類のオブジェクトを作り，それに「かめた」という名前を付けている。タートルは画面の上を線を引きながら移動するオブジェクトである。2 行目はかめたに「歩く」という命令を送っている。「！」はその左側が命令を受けるオブジェクトであることを示している。命令の前には「100」のような，引数（ひきすう）またはパラメータと呼ばれる補足の情報を指定す

---

[1] ドリトルのサイト (http://dolittle.eplang.jp) からダウンロードまたは実行する。

ることができる。3 行目はかめたに左に回転する命令を送っている。文は日本語などと同様に「。」で終わる。

プログラムを実行すると，基本的には命令が上から順に 1 つずつ実行される。このような処理を順次処理と呼ぶ。このプログラムでは，「前進して線を描く」「左を向く」「前進して線を描く」「左を向く」という処理が行われ，結果として画面に L 字型の線が描かれる。

```
1    かめた＝タートル！作る。
2    かめた！１００　歩く　９０　左回り。
3    かめた！１００　歩く　９０　左回り。
4    かめた！１００　歩く　９０　左回り。
5    かめた！１００　歩く　９０　左回り。
```

図 8.2　オブジェクトに複数の命令を送るプログラム例

1 つのオブジェクトに続けて命令を送ることもできる。図 8.2 のプログラムでは，2 行目でかめたに「１００　歩く」を送った後に，続けて「９０　左回り」を送っている。このプログラムを実行すると，「前進して線を描き，左を向く」処理を 4 回実行することで，結果として画面に正方形が描かれる。

8.3 反復処理

図 8.2 のプログラムは正しく動くが，同じ処理が 4 行も書かれていて無駄が多い。コンピュータのプログラムはシンプルに書かれた方が無駄

が少なくミスが入りにくいため，良いプログラムといえる。

```
1  かめた＝タートル！作る。
2  「
3     かめた！１００　歩く　９０　左回り。
4  」！４　繰り返す。
```

図 8.3　反復処理のプログラム例

　図 8.3 は図 8.2 のプログラムを，同じ処理を複数回繰り返して実行するように修正したプログラムである。このような処理をループまたは反復処理と呼ぶ。ドリトルでは

「...」！４　繰り返す。

という形で，「...」の部分に書かれたプログラムを指定された回数（今回は 4 回）だけ繰り返して実行することができる。ドリトルでは文の途中で改行することもできるため，図 8.3 では次のように記述した。ところで，プログラムの中で繰り返される部分は 3 行目のように左端から少し空白を入れて書くことが多い。このような記述を字下げまたはインデントと呼ぶ。

「
　...
」！４　繰り返す。

変数は数学の「x」や「n」などと同様に，数値などの値を表す記号である。ドリトルでは命令の他に変数にも英字以外の文字を使うことができる。今までの例では「かめた」という名前の変数を扱ってきた。変数に値を入れるときは「＝」を使う。例えば「n=3。」は，nという変数に3という値を代入することを表している。この「3」のような変わらない値のことを定数と呼ぶ。

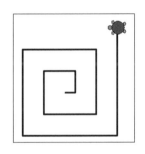

```
1    かめた＝タートル！作る。
2    「｜n｜
3        かめた！（n＊２０）　歩く　９０　左回り。
4    」！１０　繰り返す。
```

図 8.4　反復回数を使うプログラム例

　反復処理では，カウンタと呼ばれる変数によって何回目の実行かを知ることができる。図 8.4 のプログラムでは「n」という変数が使われており，nの値は3行目を実行するたびに「1」「2」...「9」「10」と変化する。3行目ではこの値を使って，1回目の実行では長さ20の線を引き，2回目は長さ40の線，...，10回目は長さ200の線を引いている。結果としてうずまきの形の図形が描かれた。

　多くのプログラミング言語では，計算の記号にコンピュータのキーボードにある記号を割り当てている。四則演算では加減乗除のうち加算と減

算は「+」「-」で数学と同じだが，乗算は「*」を，除算は「/」を使う。剰余（除算の余り）は「%」を使うことが多い。

8.4 条件分岐

プログラムは上から順に実行されていくが，特定の場合だけ実行したい命令もある。そのようなときは，指定した条件が成り立つときだけ命令を実行する。このような処理を条件分岐と呼ぶ。

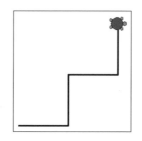

```
1   かめた＝タートル！作る。
2   「｜n｜
3       かめた！１００　歩く。
4
5       「n%2==0」！なら「
6           かめた！９０　右回り。
7       」そうでなければ「
8           かめた！９０　左回り。
9       」実行。
10
11  」！4　繰り返す。
```

図 8.5　条件分岐を使うプログラム例

図 8.5 のプログラムでは，2 行目と 11 行目の「繰り返す」にはさまれ

た3行目から10行目の部分が4回繰り返して実行される。変数nには何回目の実行かを示す数値が入る。

　毎回の実行で，最初に3行目が実行され，かめたは100の長さの線を引く。5行目ではnの値を調べている。「n%2」でnを2で割ったときの余りを求めている。nが1のときの余りは1，2のときの余りは0，3のときの余りは1，4のときの余りは0である。それを「n%2==0」で0と等しいかを調べる。余りが0のときはかめたは右を向き，そうでないときはかめたは左を向く。結果として，1回目の実行のときはかめたは前進して左を向き，2回目は前進して右を向き，3回目は前進して左を向き，4回目は前進して右を向くことで，階段のような形が描かれた。

　今回は条件が成り立つときの処理と成り立たないときの処理を次の形で記述したが，

「...」！なら「...」そうでなければ「...」実行。

　条件が成り立つときの処理だけを次の形で書くことも可能である。

「...」！なら「...」実行。

　図8.5のプログラムでは，余りが0であるかどうかを「==」という記号で比較した。多くのプログラミング言語では，「=」を変数への値の代入に使い，等号は「==」を使っている。同様に，等しくないことは「!=」で，大小は「>」「>=」「<」「<=」で表す。これらは比較演算子と呼ばれ，結果として真偽値を返す。「==」の場合は両辺が等しい値のときに真を，そうでない場合は偽を返す。

　図8.5では「nが2で割り切れるか」という意味で「n%2==0」という1個の条件を書いた。複数の条件を書くときは，「nが2と3の両方で割り

切れるか」という場合は「全部！（n%2==0）（n%3==0）本当」と書き，「nが2と3のどちらかで割り切れるか」という場合は「どれか！（n%2==0）（n%3==0）本当」と書く。

8.5 条件による反復

固定回数の反復のほかに，条件が成り立つ間繰り返す形の反復も使われる。

$\boxed{5050}$

```
1   i=1。
2   s=0。
3   「i<=100」！の間「
4       s=s+i。
5       i=i+1。
6   」実行。
7   ラベル！（s）作る。
```

図 8.6　条件による反復のプログラム例

図 8.6 のプログラムでは，最初に 1 行目で i の値を 1 に設定している。「i<=100」という条件が成り立つ間，3 行目と 6 行目にはさまれた 4 行目と 5 行目が繰り返し実行される。5 行目では i の値を 1 増やしているため，実行するたびに i の値は 1, 2, 3, ... のように増えていく。そして i の値が 101 になったときに「i<=100」の条件を満たさなくなるため反復を終了して 7 行目以降に処理が進む。このプログラムでは 2 行目で s という変数に 0 を設定した後，4 行目で s に i の値を加えている。その処理を 100 回繰り返した後で最後に 7 行目で s の値を表示している。結果とし

て，「1+2+3+...+99+100」の計算が行われ，画面に5050が表示される．

8.6 間欠的な反復

コンピュータは高速に処理を行うため，反復処理は1秒間に数万回以上実行される．ゆっくりとした繰り返しを行いたい場合は，繰り返す処理の中に一定時間処理を止める命令を入れる方法や，一定間隔で処理を実行する間欠的な反復処理が使われる．

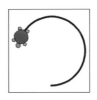

```
1    かめた＝タートル！作る．
2    時計＝タイマー！作る　0.1　間隔　50　回数．
3    時計！「
4        かめた！5　歩く　5　左回り．
5    」実行．
```

図 8.7　間欠的な反復のプログラム例

図8.7の2行目では間欠的な反復処理を行う時計という名前のタイマーオブジェクトを作り，0.1秒間隔で50回の繰り返しを設定している．3行目と5行目はタイマーを実行し，4行目の処理が0.1秒間隔で50回繰り返し実行される．結果として画面にはゆっくりと円を描く様子がアニメーションで表示される．

8.7 命令の定義

プログラムのまとまりに名前を付けて，新しい命令として使うことができる。

```
1    かめた＝タートル！作る。
2
3    多角形＝「｜n｜
4        「
5            かめた！100　歩く　（360/n）左回り。
6        」！（n）繰り返す。
7    」。
8
9    ！6　多角形。
```

図 8.8　命令を定義するプログラム例

図 8.8 では 3 行目から 7 行目で，数を指定して三角形や四角形など任意の多角形を描くための命令を定義している。9 行目のように数を指定して実行すると，3 行目のｎに値が渡されて，4 行目から 6 行目の命令の定義でその値を使うことができる。

8.8 文字の入力と出力

画面から値を入力したり，計算結果を表示したりすることができる。

1　ラベル！『値：』作る。
2　入力＝フィールド！作る。
3　計算ボタン＝ボタン！『計算』作る。
4　計算ボタン：動作＝「値＝入力！読む。出力！（値＊0.8）書く」。
5　出力＝フィールド！作る。

図 8.9　文字を入出力するプログラム例

　図 8.9 は入力された値の 2 割引の値を計算して表示するプログラムである。1 行目ではラベルオブジェクトで文字を表示している。2 行目は文字を入力したり表示することのできるフィールドオブジェクトを作っている。実行例ではキーボードから 160 という値を入力した。3 行目では画面に「計算」と表示されているボタンオブジェクトを作り，4 行目で押されたときの動作を定義している。ボタンが押されると 2 行目のフィールドから入力された値を読み，その値を 0.8 倍した値を 5 行目で定義した出力のフィールドに出力している。

8.9　配列

　変数には 1 個の値だけを入れてきたが，配列を使うと複数の値をまとめて扱うことができる。

　図 8.10 は 1 行目で 5 個の値が入ったデータという名前の配列を作っている。2 行目ではその値を画面に表示している。3 行目では配列に入って

```
                    [ 10 40 50 20 30 ]
                    5
                    150
```

1　データ＝配列！１０　４０　５０　２０　３０　作る。
2　ラベル！（データ）作る。
3　ラベル！（データ！要素数？）作る　次の行。
4
5　s ＝ 0。
6　データ！「｜n｜　s ＝ s ＋ n」それぞれ実行。
7　ラベル！（s）作る　次の行。

図 8.10　配列のプログラム例

いる要素の数を表示している。配列に入っている値を１つずつ処理するときは「それぞれ実行」を使う。6 行目では配列の要素の値を１つずつ n に入れながら括弧の中を繰り返し実行する。結果として 7 行目で要素の合計が表示される。

8.10 座標

　画面の位置を座標で指定することができる。画面の中央は原点であり，数学の座標と同様に右に横軸が，上に縦軸が伸びている。例えば「かめた！ 100 50 位置。」を実行すると，かめたは画面中央から右に 100，上に 50 の位置に移動する。

　図 8.11 のプログラムは，3 行目から 5 行目を 360 回繰り返して実行する。実行のたびに横の位置を何回目の繰り返しかを表す n の値とし，縦の位置を n の値から計算した値（今回は三角関数 sin を 100 倍に拡大した値）にすることで，画面に三角関数のグラフを描くことができた。

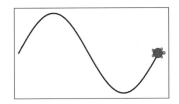

```
1    かめた＝タートル！作る。
2    「｜n｜
3        x=n。
4        y=100*sin(n)。
5        かめた！(x)(y)位置。
6    」！360　繰り返す。
```

図 8.11　座標のプログラム例

演習問題

1. 図 8.9 のプログラムを変更して，入力した値の消費税を含めた値を計算するプログラムにせよ。
2. 図 8.11 のプログラムを変更して，n の二乗のグラフを表示するプログラムにせよ。
3. 図 8.3 のプログラムを変更して，正五角形を表示するプログラムにせよ。

参考文献

[1] 吉田葵，佐々木寛『IT・Literacy　Scratch・ドリトル編』（日本文教出版，2016）

9 | アルゴリズム

辰己丈夫

《目標＆ポイント》 古来から数学・幾何学の分野で取り上げられてきたアルゴリズムの定義について述べる。その後，アルゴリズムの例を挙げる。例えば，数学的なアルゴリズム（ユークリッドの互除法）や，情報学におけるアルゴリズム（様々な整列法），二分探索法などである。

《キーワード》 アルゴリズム，ユークリッドの互除法，ソート，サーチ，再帰

9.1 アルゴリズム

本章では，数学やコンピュータサイエンスにおける代表的なアルゴリズムを題材にして，アルゴリズムの基本概念を述べる。

9.1.1 アルゴリズムとは

ある作業を行うときに，その手順をどのようにして行うかを示したものを，「アルゴリズム」という。

アルゴリズムを書く方法は何通りもある。主なものを挙げる。

- 日常に使われている言語で記述する。人間は書きやすいが，コンピュータが処理するのは簡単ではない。
- 日常言語によく似た言語で記述する。このときに使われる言語を「疑似言語」という。
- プログラミング言語で記述する。コンピュータで動作させるときは，最も都合がよい。

- フローチャートなどの図を使って記述する。プログラムを考えるときに使うことがある。

「アルゴリズム」という言葉は，9 世紀の数学者 al-Khwarizmi（アル・フワーリズミー）の名前に因んでいるといわれている。

9.1.2 良いアルゴリズム

アルゴリズムを評価する際に重視されている観点は，次のものである。
1) 人間が読みやすい・理解しやすい
2) 未知の結果を，手順に従えば，誰でも得ることができる
3) たくさんのメモリを使用しない
4) 結果を得るまでの時間が短い
5) どんな入力に対しても必ず停止する

数学的な観点では，1), 2) が重要である。一方で，コンピュータで動作させることだけを考えると，2), 3), 4), 5) が重要となる[1]。

9.2 ユークリッドの互除法

ユークリッドの互除法とは，世界で最古のアルゴリズムとされている方法で，ユークリッド原論（紀元前 300 年頃）に書かれている。

基本的な考え方は，以下のとおりである。
1) $x > y$ とする。また，d が，x と y の公約数であるとする。
2) 横の長さが x，縦の長さが y の長方形は，一辺の長さが d の正方形で埋め尽くされる。
3) 元の長方形から，一辺の長さが y の正方形を切り取ると，横の長さが $x - y$，縦の長さが y の長方形となるが，これも，一辺の長さが d の

---

[1] 作成したプログラムを改造・再利用することを考えると，1) もまた，重要な考え方となる。この点については，第 13 章「ソフトウェア工学の考え方」で扱う。

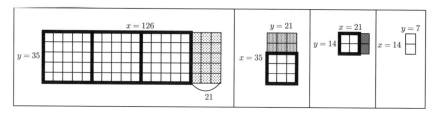

図 9.1 横 126,縦 35 の長方形を埋め尽くせる正方形の一辺の長さは,「126 と 35 の公約数」で,それは 7 である。

正方形で埋め尽くされる。

4) 一辺の長さが y の正方形を切り取れなくなったら,縦横の考え方を変えて,同じことをしていく。

5) 最後に正方形だけが残る。それも,一辺の長さが d の正方形で埋め尽くされる正方形となる。この辺の長さは,x と y の公約数のうち,最大のものである。

すなわち,与えられた 2 数に対し,大きい方から小さい方を引くという作業をずっと続けていく。途中で同じ値になれば,それが最大公約数である。したがって,この手順を,わかりやすく書くと図 9.2 のようになる。

---

(01)　x, y の値を入力する。
(02)　$x \neq y$ の間,
(03)　　もし $x > y$ ならば x の値を $x - y$ の余りの値に書き換える。
(04)　　もし $x < y$ ならば y の値を $y - x$ の余りの値に書き換える。
(05)　を繰り返す。
(06)　x の値を出力する。
(07)　手続き終了。

図 9.2　ユークリッドの互除法の手順

また，このアルゴリズムを，$x=126, y=35$ としてドリトルで記述すると，プログラム 9.1 のとおりとなる。

プログラム 9.1　ユークリッドの互除法の手順

```
1  x=126。
2  y=35。
3  「全部!(x!=y)(x>0)(y>0)本当」!の間「
4      「x>y」!なら「x=x-y」実行。
5      「x<y」!なら「y=y-x」実行。
6  」実行。
7  ラベル!(x)作る。
```

上記の手順を，変数 $x=126, y=35$ の値の変化としてとらえると以下のとおりとなる。

x	126	91	56	21	21	7	7
y	35	35	35	35	14	14	7

一方で，変数 $x=124, y=35$ の値の変化としてとらえると以下のとおりとなる。

x	124	89	54	19	19	3	3	3	3	3	2	1
y	35	35	35	35	16	16	13	10	7	4	1	1	1

このことから，$124, 35$ の 2 数は互いに共通の因数を持たない（「互いに素」という）。

9.3 ソート（整列）

いくつかの対象を，あるルールに従って並べ直すことを「ソート（整列）」という。ここでは，対象を，以下の数が書かれたカードであると

する。

| 6 | 4 | 3 | 7 | 1 | 8 | 2 | 5 |

9.3.1 選択ソート

まず，選択ソートという方法について述べる。

第1手順 まず，一番右端に，この中で最大の数が来るように，カード（数値）の交換をする。

1) 右端の値と，左端の値を比較して，必要に応じて入れ替える。入れ替えが発生する。

| 5 | 4 | 3 | 7 | 1 | 8 | 2 | 6 |

2) 右端と左から2番目でも行う。入れ替えが発生しない。
3) 右端と左から3番目でも行う。入れ替えが発生しない。
4) 右端と左から4番目でも行う。入れ替えが発生する。

| 5 | 4 | 3 | 6 | 1 | 8 | 2 | 7 |

5) 右端と左から5番目でも行う。入れ替えが発生しない。
6) 右端と左から6番目でも行う。入れ替えが発生する。

| 5 | 4 | 3 | 6 | 1 | 7 | 2 | 8 |

7) 右端と左から7番目でも行う。入れ替えが発生しない。

これで，最大のものが右端に到達した。

第2段階 残りの数の中で最大の数を右から2番目になるようにする。
（省略する。）

| 2 | 4 | 3 | 5 | 1 | 6 | 7 | 8 |

第3段階 残りの数の中で最大の数を右から3番目になるようにする。

| 2 | 4 | 3 | 5 | 1 | 6 | 7 | 8 |

第4段階 残りの数の中で最大の数を右から4番目になるようにする。

(省略する。)

| 1 | 2 | 3 | 4 | 5 | 6 | 7 | 8 |

第 5 段階　残りの数の中で最大の数を右から 5 番目になるようにする．

(省略する。)

| 1 | 2 | 3 | 4 | 5 | 6 | 7 | 8 |

第 6 段階　残りの数の中で最大の数を右から 6 番目になるようにする．

(省略する。)

| 1 | 2 | 3 | 4 | 5 | 6 | 7 | 8 |

第 7 段階　残りの数の中で最大の数を右から 7 番目になるようにする．

(省略する。)

| 1 | 2 | 3 | 4 | 5 | 6 | 7 | 8 |

途中を見ると，第 2 段階から第 3 段階と，第 4 段階から第 7 段階は，様子に変化がないが，これは最初の数の並び方によって状況が異なるので，そのまま記した．

選択ソート法のアルゴリズムの記述

いま，$C_0, C_1, \cdots, C_{n-1}$ の，n 枚のカードがあり，この手順が始まる前に，すでに，その値は設定されているとする．そのとき，選択ソートの手順は，図 9.3 となる．

```
(01)    e を n-1, n-2, ⋯, 1 まで減らしながら,
(02)     │ s を 0, 1, ⋯, e-1 まで増やしながら,
(03)     │  │ もし C_s > C_e ならば, その値を交換する．
(04)     │ を繰り返す．
(05)    を繰り返す．
(06)    手続き終了．
```

図 9.3　選択ソートの手順

選択ソートの計算の手間

ここでは，上記のアルゴリズムの (03) にある，C_s と C_e を比較する回数を考える。これは，(02) から (04) の間で，e 回繰り返される。そして，この手順自体は，(01) から (05) の間に，e の値を変えながら，繰り返される。すなわち，全体の比較回数 T は，

$$T = (n-1) + (n-2) + \cdots + 1 = \frac{n(n-1)}{2}$$

となる。

選択ソートで入力と出力を分けて用意する

選択ソートを，配列「入力」と，配列「出力」を分けたプログラムとしてドリトルで記述すると，プログラム 9.2 となる。

プログラム 9.2　入力と出力を分けた選択ソート

```
1  入力＝配列！ 5 3 7 2 8 6 1 4 作る。
2  ラベル！（入力）作る。
3  出力＝配列！作る。
4  「
5      最小値＝入力！1 読む。最小位置＝1。
6      「｜n｜
7          v＝入力！（n）読む。
8          「v＜最小値」！なら
9              「最小値＝v。最小位置＝n」実行。
10     」！（入力！要素数？）繰り返す。
11     出力！（最小値）書く。
12     入力！（最小位置）位置で消す。
13 」！（入力！要素数？）繰り返す。
14 ラベル！（出力）作る　次の行。
```

9.4 検索（サーチ）

たくさんのデータから，条件に合うデータを探す作業のことを，「検索」（サーチ）という。

いま，$C_0, C_1, \cdots, C_{n-1}$ の，n 枚のカードがあり，手順が始まる前に，すでに，その値は設定されているとする。探したい値を，q とする。すなわち，$C_k = q$ となる k の値を求めることが必要となる。

9.4.1 線形探索

1枚目から順にカードを見ていって，探したいカードが見つかったら，そこで終了するという手順である。図 9.4 に示す。

```
(01)    k を 0, 1, ···, n − 1 と増やしながら，
(02)      もし C_k = q ならば，k の値を出力し，手続き終了。
(03)    を繰り返す。
(04)    「見つからない」と出力して手続き終了。
```

図 9.4　線形探索の手順

探索したい数値を $q = 7$ として，ドリトルで記述すると，プログラム 9.3 のとおりとなる。

もし，相異なる n 枚のカードがあって，その中に確実に目的のカードがあるとするとき，カードを見る回数の平均を求めてみよう。

探したいカードが1枚目の確率は $\dfrac{1}{n}$ である。探したいカードが2枚目の確率も $\dfrac{1}{n}$ であるが，このとき，カードを2回見ている。

このように考えると，カードを1回だけ見る確率も，カードを2回だけ見る確率も，そして，カードを n 回だけ見る確率も，すべて $\dfrac{1}{n}$ であ

プログラム 9.3　線形探索の手順

```
1   c=配列!6 4 3 7 1 8 2 5 作る。
2   n=c!要素数?。
3   q=7。
4   「|k|
5       「(c!(k)読む)==q」!なら「結果=q」実行。
6   」!(n)繰り返す。
7   「結果==q」!なら
8       「ラベル!(結果)作る」
9   そうでなければ
10      「ラベル!『見つからない』作る」実行。
```

る。よって，カードを見る回数の平均（期待値）は，

$$\frac{1}{n} + \frac{2}{n} + \cdots + \frac{n}{n} = \frac{\frac{n(n+1)}{2}}{n} = \frac{n+1}{2}$$

と求めることができる。

9.4.2 二分探索

$C_0, C_1, \cdots, C_{n-1}$ の，n 枚のカードがあり，すべて左から右に整列済みであると仮定する。

このとき，値 q が，このカードの中にあるかどうかを調べるために，まず，カードをちょうど真ん中で半分に分け，左側の右端（小さい値を持つ側の最も大きい値）と q を比較する。

そこに探している値があれば，そこで終了する。もし，q の方が大きいなら，この右側をさらに半分にする。もし，q の方が小さいなら，左側の方をさらに半分にする。

このようなことを何度も，最後に 1 枚になるまで続ける。

整列したカードを半分に分けていくので，二分探索と呼ばれる。図 9.5

に示す。

(01) s に 0 を代入する。
(02) e に $n-1$ を代入する。
(03) $s \leqq e$ の間，
(04) 　　m に $(s+e) \div 2$ を代入する。（小数点切り下げ）
(05) 　　もし，$C_m = q$ ならば，m を出力して手続き終了。
(06) 　　もし，$q < C_m$ ならば，e に $m-1$ を代入する。
(07) 　　もし，$C_m < q$ ならば，s に $m+1$ を代入する。
(08) を繰り返す。
(09) 「見つからない」と出力して手続き終了。

図 9.5　二分探索の手順

対象となる配列を $\{1, 3, 4, 7, 8, 10, 12, 13, 15\}$ として，ここに $q = 7$ があるかどうか，というプログラムをドリトルで記述すると，プログラム 9.4 のとおりとなる。

プログラム 9.4　二分探索の手順

```
1   c=配列!1 3 4 7 8 10 12 13 15 作る。
2   n=c!要素数?。
3   q=7。
4   start=1。
5   end=n。
6   「start<=end」!の間「
7     m=floor((start+end)/2)。
8     「(c!(m)読む)==q」!なら「結果=m」実行。
9     「q<=(c!(m)読む)」!なら「end=m-1」実行。
10    「(c!(m)読む)<=q」!なら「start=m+1」実行。
11  」実行。
12  「結果」!なら「ラベル!(結果)作る」
13  そうでなければ「ラベル!『見つからない』作る」
14  実行。
```

例えば，$n = 1023$ 枚のカードで，この方法を行うとすると，最初の時点で真ん中に見つからない場合，対象となるカードは 511 枚に絞られる。次の時点で真ん中に見つからない場合，対象となるカードは 255 枚に絞られる。このようにしていくと，多くても 10 回の繰り返しでカードは必ず 1 枚になる。（途中で見つかるかもしれない。）

言い替えるなら，二分探索では，p 回の繰り返しをすれば，$2^p - 1$ 枚のカードからの探索ができる。

二分探索は，最初の整列には非常に手間がかかるが，いったん整列した後では，探索が高速にできるので，同じデータから何度も探索をしたいときに有用である。

9.5 ハノイの塔

「ハノイの塔」と呼ばれる有名な問題がある。ルールは以下のとおり。
- 3 つの棒が地面に立てられている。A_0, A_1, A_2 と呼ぶことにする。
- 棒 A_0 には，中央に穴があいている直径が異なる n 枚の円盤が，下に大きいもの，上に小さいものになるように積まれている。
- あなたは，1 回で 1 枚の円盤を別の棒に移してよい。
  ◦ 小さい円盤の上に大きい円盤を載せてはいけない。
  ◦ 円盤を重ねて移動してはいけない。
  ◦ 円盤は，棒に通した状態でしか置くことができない。
- すべての円盤を，A_0 以外の 1 つの棒に移すことができれば，終わりである。

円盤が 2 枚のときの様子を，図 9.6 に示す。
- A_0 から A_1 に円盤（小）を移す。
- A_0 から A_2 に円盤（大）を移す。

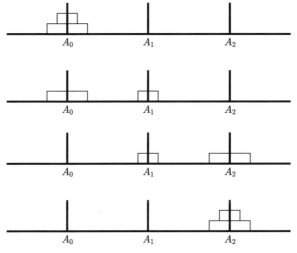

図 9.6 ハノイの塔（円盤 2 枚のとき）

- A_1 から A_2 に円盤（小）を移す。

では，円盤が 3 枚の場合，どうすればよいだろうか？ 以下の手順でできることがわかる。

- A_0 から A_1 に円盤 2 枚を移す。
- A_0 から A_2 に円盤（最大）を移す。
- A_1 から A_2 に円盤 2 枚を移す。

ここに，「A_0 から A_1 に円盤 2 枚を移す」という記述があるが，この作業はすでにできることがわかっているので，省略して書いてあるが，ていねいに書くと，次のとおりになる。

- A_0 から A_1 に円盤 2 枚を移す。
  - A_0 から A_2 に円盤（小）を移す。
  - A_0 から A_1 に円盤（大）を移す。
  - A_2 から A_1 に円盤（小）を移す。

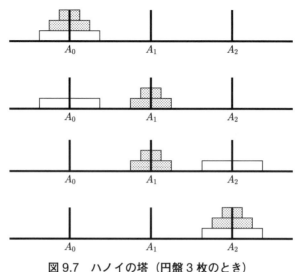

図 9.7 ハノイの塔（円盤 3 枚のとき）

- A_0 から A_2 に円盤（最大）を移す。
- A_1 から A_2 に円盤 2 枚を移す。
  ○ A_1 から A_0 に円盤（小）を移す。
  ○ A_1 から A_2 に円盤（大）を移す。
  ○ A_0 から A_2 に円盤（小）を移す。

では，円盤が 4 枚のときはどうすればよいか。これは，次の手順でできる。

- A_0 から A_1 に 3 枚の円盤を移す。
- A_0 から A_2 に円盤（最大）を移す。
- A_1 から A_2 に 3 枚の円盤を移す。

3 枚の円盤の移動がすでに可能であることがわかっているので，それを利用すればよいということになる。このようにすれば，円盤の枚数 n がどんな値であったとしても，以下の手順で移動ができるということが

わかる．
- A_0 から A_1 に $n-1$ 枚の円盤を移す．
- A_0 から A_2 に円盤（最大の円盤）を移す．
- A_1 から A_2 に $n-1$ 枚の円盤を移す．

9.5.1 手順をまとめる
今までの記述をまとめると以下のとおりになる．
手順を部品にする
まず，n 枚の円盤を，棒 A_x から棒 A_y に移動させる（棒 A_z を作業用に利用する）手順を書いてみる．これを，Hanoi(n, x, y, z) と呼ぶことにする．例えば，Hanoi$(5, 0, 1, 2)$ は，5 枚の円盤を，A_0 から A_1 に移動させる．そのときに，A_2 は作業用に使ってよい，という意味である．したがって，この手続きは，図 9.8 のとおりになる．

```
(01)    もし，n = 1 ならば，
(02)    │ 円盤 1 枚を，A_x から，A_y に移動させる．
(03)    そうでなければ，
(04)    │ 円盤 n-1 枚を，A_x から，A_z に移動させる．
(05)    │ 円盤 1 枚を，A_y に移動させる．
(06)    │ 円盤 n-1 枚を，A_z から，A_y に移動させる．
(07)    手続き終了．
```

図 9.8 部品化した手順 Hanoi(n, x, y, z)

(04) と (06) は，Hanoi$(n, *, *, *)$ を使って書ける．そこで，このアルゴリズムは，図 9.9 に書き直せる．

```
(01)  もし，n = 1 ならば，
(02)  │ 円盤1枚を，$A_x$ から，$A_y$ に移動させる。
(03)  そうでなけば，
(05)  │ Hanoi($n - 1, x, z, y$)
(06)  │ 円盤1枚を，$A_y$ に移動させる。
(07)  │ Hanoi($n - 1, z, y, x$)
(08)  手続き終了。
```

図 9.9　Hanoi(n, x, y, z)

また，この手順を，「3つの棒を A, B, C と名付け，3枚の円盤を利用する場合」に，ドリトルで記述すると，プログラム 9.5 となる。

プログラム 9.5　部品化した手順 Hanoi(n, x, y, z)

```
1  Hanoi=「
2    |n from to work|
3    「n>0」!なら「
4       !(n-1) (from) (work) (to) Hanoi。
5       ラベル!("円盤"+n+"を"+from+"から"
6                +to+"に移動させる。")作る　次の行。
7       !(n-1) (work) (to) (from) Hanoi。
8    」実行。
9  」。
10 !3 "A" "B" "C" Hanoi。
```

9.5.2 再帰呼出し

前節の手順では，Hanoi(3, 0, 1, 2) を求めるには，途中で，Hanoi(2, 0, 2, 1) と，Hanoi(2, 2, 1, 0) が必要になる。

そして，Hanoi(2, 0, 2, 1) を求めるには，途中で，Hanoi(1, 0, 1, 2) と，Hanoi(1, 1, 2, 0) が必要になる。

このように，Hanoi という手順の中で Hanoi を呼び出している。このように，ある手順の途中で自分自身を呼び出すことを，**再帰呼出し**という。

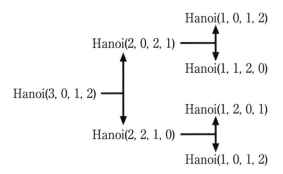

図 9.10　ハノイの塔（3 枚の円盤のとき）の再帰呼出し

9.6 クイックソート

　この方法では，対象となる領域からカードを 1 枚取り出して，そのカードの値よりも大きな値を右側に，そのカードの値よりも小さな値を左側に積む，という作業を何度も行う。

第 1 手順：　まず，一番右端のカードを取り出して，自分の前に置く。
第 2 手順：　そのカードよりも大きな値のカードを右側に，山積みにする。
　　　　　　そのカードよりも小さな値のカードを左側に，山積みにする。

　このようにして，先頭のカードの値を見て残りを 2 つの山に分けていく作業をしていけば，やがて，カードは 1 枚になり，整列が簡単にできる。クイックソートは再帰を使って書くことができる。

　$c_0, c_1, \cdots, c_{n-1}$ のうち，$c_s, c_{s+1}, \cdots, c_e$ までを整列させる手順 Quick$(c_0, c_1, \cdots, c_{n-1}, s, e)$ を，次のように定める。

```
(01)    p = c_s とする。
(02)    i = s + 1 とする。
(03)    j = e とする。
(04)    i < j の間,
(05)    │  c_i ≦ p の間,
(06)    │  │  i の値を 1 増やす
(07)    │  を繰り返す。
(08)    │  p < c_j の間,
(09)    │  │  j の値を 1 減らす
(10)    │  を繰り返す。
(11)    │  もし, i < j ならば,
(12)    │  │  c_i と c_j の値を交換する。
(13)    │  │  i を 1 増やす。
(14)    │  │  j を 1 減らす。
(15)    │  そうでなければ,
(16)    │  │  Quick(c_0, c_1, ⋯, c_{n−1}, s, i − 1)
(17)    │  │  Quick(c_0, c_1, ⋯, c_{n−1}, i, e)
(18)    │  を実行する。
(19)    を繰り返す。
(20)    手続き終了。
```

図 9.11 部品化した手順 $\text{Quick}(c_0, c_1, \cdots, c_{n-1}, s, e)$

9.6.1 動作例

- いま, 以下のように数が並んでいたとする。

| 5 | 4 | 3 | 7 | 1 | 8 | 2 | 6 |

ここで, $\text{Quick}(c_0, c_1, \cdots, c_{n-1}, 0, 7)$ を実行する。

- c_i に対して, $c_i \leqq 5 (= c_0)$ 以下の値の間, i は 1 から増えていく。$i = 3$ で止まる。

- c_j に対して, $c_j > 5 (= c_0)$ より大きい値の間, j は 7 から減って

いく。$j = 6$ で止まる。
- $i < j$ なので，c_i と c_j の値を交換する。

| 5 | 4 | 3 | 2 | 1 | 8 | 7 | 6 |

- i を 1 増やして $i = 4$ とし，j を 1 減らして $j = 5$ とする。
- c_i に対して，$c_i \leq 5 (= c_0)$ 以下の値の間，i は 4 から増えていく。$i = 5$ で止まる。
- c_j に対して，$c_j > 5 (= c_0)$ より大きい値の間，j は 5 から減っていく。$j = 4$ で止まる。
- $i < j$ が成り立たないので，次の 2 つを実行する。
  - Quick$(c_0, c_1, \cdots, c_{n-1}, 0, 4)$：$c_0, \cdots, c_4$ を整列する。

  | 5 | 4 | 3 | 2 | 1 | | | |

  - Quick$(c_0, c_1, \cdots, c_{n-1}, 5, 7)$：$c_5, \cdots, c_7$ を整列する。

  | | | | | | 8 | 7 | 6 |

- (以下略)

9.6.2 クイックソートの計算の手間

すでに述べた選択ソートの場合，n 個の数を整列させるために，数同士の比較を $\frac{n(n-1)}{2}$ 回行う必要があった。クイックソートの場合，最初に並んでいる数の状況によって必要となる比較回数は異なるが，平均すると，$n \log_2 n$ 回程度で済むことがわかっている。これは例えば，約 $n = 1{,}000$ の場合，選択ソートだと約 50 万回の比較だが，クイックソートなら，約 1 万回で済むということである。

データを整列させておけば，二分探索によって高速にデータを探し出すことができることから，データの整列方法の研究成果は多い。現在は，データの特徴によって，様々な整列方法が使い分けられている。

ドリトルでクイックソート

クイックソートを，再帰を利用してドリトルで記述すると，プログラム 9.6 となる。

プログラム 9.6 クイックソート

```
1   クイック=「|対象 ； 結果 n 閾値 小さい方 大きい方 v |
2       結果=対象。
3       n=対象!要素数?。
4       「n>1」!なら「
5           閾値=対象!(n) 読む。
6           小さい方=配列!作る。
7           大きい方=配列!作る。
8           「|i|
9               v=対象!(i)読む。
10              「v<閾値」!なら「小さい方!(v)書く」
11              そうでなければ「大きい方!(v)書く」
12              実行。
13          」!(n-1)繰り返す。
14          結果=配列!作る
15             (!(小さい方)クイック)
16             (閾値)
17             (!(大きい方)クイック)
18             連結。
19      」実行。
20      結果。
21  」。
22
23  入力=配列!5 3 7 2 8 6 1 4 作る。
24  ラベル!(入力)作る  次の行。
25  ラベル!(!(入力)クイック)作る  次の行。
```

演習問題

1. ユークリッドの互除法による計算が，目的の計算を行っていることを示せ．
2. マージソート（整列法）について調べよ．
3. ハノイの塔で円盤1枚を動かすのに1分かかるとする．64枚の円盤を使った場合，どれくらいの時間がかかるか．
4. ハノイの塔で $Hanoi(4, 0, 1, 2)$ を計算するとき，再帰を利用してどの関数が呼び出されるかを，図 9.10 のように記せ．

参考文献

[1] 久野 靖，佐藤 義弘，辰己 丈夫，中野 由章 （監修）『キーワードで学ぶ最新情報トピックス 2017』（日経 BP 社，2017）ISBN-10: 4822292215

[2] Donald E. Knuth(著), 廣瀬健(訳)『基本算法 The Art of ComputerProgramming』（サイエンス社，1978）ISBN-10: 4781903029

10 | プログラミングを利用したシミュレーション

兼宗進・辰己丈夫

《目標&ポイント》 現実に発生している問題をコンピュータで処理できる形に整理するモデル化の考え方を説明する。組込システムの中で扱われる計測と制御の仕組みを考える。その後，モデルを利用したプログラミングにより，現実の問題を解決する手法であるシミュレーションを学ぶ。

《キーワード》 モデル化，計測と制御，シミュレーション

10.1 対象の抽象化・モデル化

10.1.1 抽象化とモデル化の意義

世の中には，様々な対象がある。その対象について考えることで，状況を理解し，さらに問題を解決することができる。

本書では，これらの行為を次のように定義する。

抽象化： 対象を分析し，様々な要素を探し，それらに名前（変数名など）を付けて概念として明確にすること。

モデル化： 抽象化によって得られた名前同士の関係を記述したり，描いたりして，作り出したりすること。

以下では例を挙げて考えてみよう。

雲の形　私たちは，昼に空を見て，様々な雲があることに気がつく。雲の形は同一でなく，いろいろな形があるが，典型的な形の雲や，時間によって現れる雲など，様々な特徴があることがわかる。そこで，

雲の様子に名前を付ける。これが抽象化の最初のステップである分析である。次に，分析された雲の特徴を考える。季節ごとに分けてもよいし，高さごとに分けてもよい。あるいは，雨になる雲の特徴や，飛行機雲のような人工的に作られた雲を他と分けることもある。これがモデル化である。分析による抽象化とモデル化をすると，雲のことがよくわかる。例えば雲の映像を作り出すプログラムを作成し，農作業のシミュレーションや，飛行機の操縦シミュレーターに活用することもできる。

地球儀 地球上には様々な大陸や島がある。これらの大陸や島の形を分析して，球体の上に描いていくと地球儀ができる。地球儀の上に描かれた島や大陸は抽象化によるものであり，そして，私たちの地球がどのようになっているかを理解する地球儀全体がモデルである。地球儀ができると，例えば，夏至や冬至の日の出と日没の時刻がどのように決まるのか，白夜は，どうして発生するのかなどがわかるようになる。また，地球上の2都市，例えば東京とニューヨークの最短経路がどうなっているのかが，わかりやすくなる。今のようにコンピュータやGPSがなかった頃は，実際に飛行機を飛ばす際に，地球儀は大いに参考になったであろう。

まとめると，モデル化を行うことのメリットは2つある。
- 対象を分析することで，よく理解することができる。
- 理解したことを利用して，何かに役立てることができる。

状況がわからない対象があれば，分析・抽象化・モデル化を行うことは有効な手段である。

コンピュータは，抽象的に書かれた対象ならなんでもモデル化できるわけではない。例えば，囲碁の棋譜をモデル化することは，過去何十年間も取り組まれてきたが，本書執筆時点でも完全にモデル化できている

とはいえない。状況が複雑過ぎて抽象化できていないためである。

また，料理や香水の匂いをモデル化することも，まだ不十分である。これは，光や音と違って，味や匂いの知覚がどのようなものから構成されているかが，まだ十分に解明されていないため，抽象化・モデル化ができていないことが原因であろう。

さらに，私たちが話す自然言語（日本語や英語など）がどのような意味を持つか，ということですら，まだ十分にモデル化できているわけではない。この部分のモデル化が達成されれば，流暢な自動翻訳ソフトが完成するはずである。

10.1.2 数値化できる日常の問題

以下は，モデル化によって考えられる，日常生活の問題の例である。

- 地図や取材を利用して2地点間の最短経路を求める。
- 時間の制約がある中でできるだけ安く目的地へ移動するプランを求める。
- 自分にとって適切なパソコンや自動車の購入計画を立てる。
- 自分にとって最も適切な携帯電話（スマートフォン）の契約を選ぶ。
- 家を建て替えるので間取りを設計する。
- 銀行などのローンの計画を立てる。

10.1.3 日常生活に密接でない問題の選定

日常生活には密接でない問題であれば，考える要素が多くないので，モデル化について学びやすい。

- たくさんのカードの中から，条件に合ったカードを探す。
- X年Y月Z日は何曜日かを求める。
- 水槽の水量の変化をグラフにする。

10.1.4 コンピュータでモデルを取り扱う

モデル化された対象は，名前が付いていたり，形として描かれていたりする。コンピュータは，名前の付いた対象を扱うのが得意である。また，それぞれの関係を，数値や数式，プログラミングを利用して記述すれば，コンピュータで様々な現象を考察することができるようになる。

また，扱う対象は，すべて（広い意味で）数値化されていなければならない。数値化とは，順番を付けることでもよい。本書ですでに見てきたように，文字，色，画像，音については，デジタル化をした取り扱いができるようになっていることから，文字，色，画像，音に関するモデル化は，コンピュータで取り扱うことができるといえる。

10.1.5 モデル化とシミュレーションによる問題解決

モデル化された対象をプログラムや表計算ソフト等を利用して模倣して，実際にどのような現象が生じるかを，現実の作業をせずに予想することをシミュレーション（図 10.1）という。

例えば，まず「物理モデル」「数式モデル」を考える。物理モデルにおいては飛行機や自動車の風洞実験や，家を設計する際のミニチュアを利用した検討などがある。また，数式モデルでは，対象の状態遷移を連立漸化式の形で記述し，その後はプログラムや表計算ソフトを利用する。

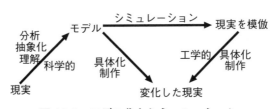

図 10.1 モデル化とシミュレーション

10.1.6 モデル化とシミュレーションのまとめ

本節では，モデル化とシミュレーションの一般論を述べた．まとめると，以下のとおりとなる．

1) 問題を具体的に取り上げ，その問題の解決方法を探し出す．
2) 別の問題を具体的に取り上げ，その問題の解決方法を探し出す．
3) 同様にいくつかの問題を具体的に取り上げ，解決方法を探し出す．
4) これらの過程を通して，問題解決一般の手法を身につける．

10.2 具体例に見るモデルとシミュレーション

10.2.1 実際の授業の前の確認作業

まず，小学校高学年における算数の文章題にまでさかのぼる．そこでは「〜〜の値を x と置く」という作業が行われる．これが，モデル化とシミュレーションを学ぶ入門段階である．例として，次の問題を考える．

> 「A さんと B さんは，直線で 200 [m] 離れたところにいて，2 人の間には直線の道路があります．2 人が同時に，A さんは 1.2 [m/s] で B さんの方へ歩き，B さんは 0.9 [m/s] で A さんの方へ歩きます．この 2 人が出会うのは，どこでしょうか．

この問題を考える際に，「A さんから出会う地点までの距離を x [m] と置く」という作業は，問題文で扱われていない変数を自ら発見・定義し，問題を解くために利用する作業に他ならない．同様の問題は，中学校理科の「モル数や原子量」や，公民の「民主主義における多数決原理」などにも現れる．

ところで，この問題に対する数学的によくある解答は，以下のものである．

> Aさんから出会う地点までの距離を x 〔m〕と置く。
> Aさんが出会うまでに歩く時間は $\dfrac{x}{1.2}$ 秒,
> Bさんが出会うまでに歩く時間は $\dfrac{200-x}{0.9}$ 秒となる。
> これらが等しいことから,$\dfrac{x}{1.2} = \dfrac{200-x}{0.9}$ より,
> $x = \dfrac{240}{2.1} = 114.28....$ とわかる。

コンピュータを利用して,この問題を解くにはどのようにすればいいだろうか。

プログラムの例を,プログラム 10.1 に示す。

プログラム 10.1　AさんとBさんが出会う

```
1  xa=0。
2  va=1.2。
3  xb=200。
4  vb=0.9。
5  かめA=タートル ！ 作る　ペンなし （xa） 0 位置。
6  かめB=タートル ！ 作る　ペンなし （xb） 0 位置 180 右
       回り "ayumiAka.gif" 変身する。
7  時計=タイマー ！ 作る。
8  時計！「
9      「（xa < xb）」！ なら「
10         かめA ！ （va） 歩く。
11         xa=xa+va。
12         かめB ！ （vb） 歩く。
13         xb=xb-vb。
14     」そうでなければ
15         「ラベル！ （xb） 作る。時計！中断。」実行。
16 」 実行。
```

かめAの位置は,変数 $x_a = $ xa で,速度は $v_a = $ va であるとする。また,かめBの位置は,変数 $x_b = $ xb で,速度は $v_b = $ vb であるとする。こ

のプログラムを動作させると，条件 $x_a < x_b$ が成り立たなくなるまで，2つのかめが動いていく．$x_a > x_b$ になったとき，右上に，その直前の x_a の値が表示される．実際に動作させると，$x_a = 113.6$ となる．

数学的に解いたときの正解とややずれているため，正確ではないが，しかし，この問題の状況を十分に把握している解答といえる．

そして，日常にあふれる問題は，この問題のように単純化されたモデルでは説明できないことが多い．その場合は，数学的に問題を解くことが困難，あるいは不可能なことがある．だが，そのような場合でも，シミュレーションをすることによって近似解を求めることができ，現実の問題解決の役に立つ．

10.2.2 つるかめ算

つるかめ算とは，以下のような計算のことである [3]．

> つるとかめが合わせて 100 いました．足の数を数えると，合計で 342 本でした．つるは何羽，かめは何匹ですか？

問題固有の解法

この問題に対して，よく紹介される解法は次のものである．

> かめが足を 2 本ひっこめていたと仮定すると，足の合計は 200 本となるはずである．これは，実際の足の本数より 142 本少ない．この少ない分の足はかめが足を 2 本ひっこめていたと仮定したからである．したがって，かめは $142 \div 2 = 71$ 匹であり，つるは $100 - 71 = 29$ 羽である．

この解法は，本問に固有の状態を利用したものであった．

数学的な解法

連立 1 次方程式を用いる解法もある．

> つるを x 羽，かめを y 匹と仮定すると，与えられた条件は，$x+y=100, 2x+4y=342$ である。これを連立 1 次方程式として解くと，$x=29, y=71$ を得る。

　この解法は，この問題に固有ではなく，他のいくつかの問題についても適用可能な解法である。問題固有の解法を覚えなければ解けない段階から，個々の問題に共通した解法の存在を知る抽象的な段階へ昇格しているともいえる。

コンピュータを利用した解法

　本問を表計算ソフトを利用して解く場合を考えてみよう。この場合は，表 10.1 のように入力（実際には，オートフィルを利用する）し，E 列の値が 342 になるところを探せばよい。この問題をドリトルによるプログラミングで解く場合を，プログラム 10.2 に示す。

　表計算ソフトを利用しても，プログラミングを利用しても，つるの羽数からつるの足の本数やかめの匹数，かめの足の本数，そして合計の本数を求める式を作る行為が「モデル化」に相当し，条件に合うところを探す行為が「シミュレーション」に相当する。

　表計算ソフトやプログラミングなどの数値を扱うソフトウェアを利用して現実の問題を解く場合，問題で設定された状況をどのように数式に

表 10.1　つるかめ算を表計算ソフトで解く

	A	B	C	D	E
1	つる	つるの足	かめ	かめの足	足の合計
2	1	=A2*2	=100-A2	=C2*4	=B2+D2
3	=A2+1	=A3*2	=100-A3	=C3*4	=B3+D3
4	=A3+1	=A4*2	=100-A4	=C4*4	=B4+D4
⋮	⋮	⋮	⋮	⋮	⋮

プログラム 10.2　つるかめ算の解法

```
1  goukei=100。
2  ashi=342。
3  tsuru=goukei。
4  kame=0。
5  「( 4*kame + 2*tsuru != ashi )」!の間「
6      tsuru=tsuru-1。
7      kame=kame+1。
8  」実行。
9  ラベル！("つるは"+(tsuru)+"羽です."
10     +"かめは"+(kame)+"匹です.") 作る。
```

するか（モデル化），そして，解をどのようにして求めるか（シミュレーション）というプロセスを考えていく。

1) わかっている数値を書き出す。
2) 求めたい数値を書き出す。
3) それらの関係を作ってみる。
   - うまくいけば OK。
   - うまくいかない場合は，隠された変数を自分で探すこと。
   - それでもうまくいかない場合は，問題（最初の設定）が悪い。
4) 数式モデルができたら，数学，表計算ソフト，プログラミングなどを利用して解く。もし解けない場合は，数式モデルや変数が足りないので，再度，関係を作るところからやりなおす。

10.2.3 複数の要素からなる制約条件での計算

次の問題を考える。

> ある運送事業者X社は，来年中に車種A，車種Bの2種類のトラックを購入することにした。それぞれの最大積載量と，満載時の走行距離1〔km〕あたりの汚染物質C（以下，Cと略す）と汚染物質N（以下，Nと略す）の排出量は以下のとおりである。
>
> | 車種 | 最大積載量〔t〕 | C排出量〔g〕 | N排出量〔g〕 |
> | --- | --- | --- | --- |
> | A | 6 | 300 | 500 |
> | B | 3.8 | 200 | 300 |
>
> この会社では，来年中に購入する車では，1キロあたりでCを90000〔g〕，Nを140000〔g〕に抑えることになった。
>
> すべての車が荷物を満載にできるとして，搭載できる荷物を最大にするには，車種Aと車種Bを何台ずつ購入すればいいか。

例えば，車種Aをa台，車種Bをb台用意すれば，満載時に走行距離1キロ当たりで，

- Cを $p_c = 300a + 200b$〔g〕排出
- Nを $p_n = 500a + 300b$〔g〕排出
- 積載量は $w = 6a + 3.8b$〔t〕

となる。このように，a,b を用いると考えやすくなる。さて，X社の購入条件は，次の式で表すことができる。

- Cについて $300a + 200b \leqq 90000$……（ア）
- Nについて $500a + 300b \leqq 140000$……（イ）
- 積載量について $w = 6a + 3.8b$……（ウ）

条件（ア）（イ）を満たす a,b で，w を最大にするようにしたい。そこで，次のように考える。

1) まず，車種Aの台数adaisuを0台から順に増やして考える。
2) 車種Aの台数から車種AのCとNの排出量はわかる。残りが「車種Bの排出可能量」(osenc, osenn)である。
3) 車種Bの最大台数は，残りのCとNの，それぞれに可能な排出量をもとに，決められる。

以上より，次のプログラム10.3を作ることができる。

プログラム10.3　プログラミングでシミュレーション

```
1   osenc=90000。
2   osenn=140000。
3   wsaidai=0。
4   asaidai=0。
5   bsaidai=0。
6   adaisu=0。
7   「全部!  (osenc>=0) (osenn>=0) 本当」! の間 「
8       「floor(osenc/200)<floor(osenn/300)」! なら
9           「bdaisu=floor(osenc/200)」
10      そうでなければ
11          「bdaisu=floor(osenn/300)」実行。
12      weight=6*a+3.8*b。
13      「 ( weight > wsaidai ) 」! なら 「
14          wsaidai=weight。
15          asaidai=adaisu。
16          bsaidai=bdaisu。
17      」実行。
18      adaisu=adaisu+1。
19      osenc=osenc-300。
20      osenn=osenn-500。
21  」実行。
22  ラベル! ("saidai A="+(asaidai)
23              +", B="+(bsaidai)
24              +", w="+(wsaidai))
25  作る。
```

10.3 セルオートマトン

　ここでは，隣接する要素の影響を受けて次の状態が変化する，セルオートマトンと呼ばれるモデルについて紹介する。もともと，生物の細胞の増殖の様子を研究するために作られたモデルである。実行結果を図 10.2 に，プログラム 10.4 にドリトルによるプログラムを示す。

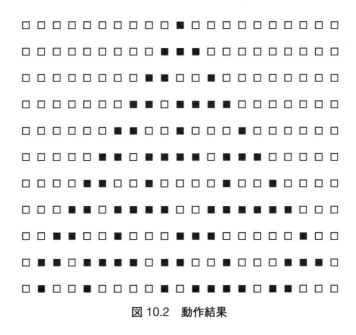

図 10.2　動作結果

　実行結果の 1 行目（横方向）が，最初の状態である。ちょうど中央のセルのみが黒になっている。2 行目は，その直後の状態である。黒いセルの両脇のセルが影響を受け黒く変化した。このように，上から下に時間が流れていき，セルの様子が変化をする。

プログラム 10.4　セルオートマトン

```
1   表示=「|a|
2     「|i|
3       「(a!(i) 読む)==1」!なら
4       「ラベル!『■』作る」
5       そうでなければ「ラベル!『□』作る」実行
6     」!(a!要素数?) 繰り返す。
7     ラベル!作る 次の行。
8   」。
9   
10  a=配列! 0 0 0 0 0 0 0 0 0 0 1 0 0 0 0 0 0 0 0 0 作る。
11  ラベル!作る 次の行。
12  !(a) 表示。
13  
14  n=a!要素数?。
15  「
16    b=配列!(a!(1) 読む) 作る。
17    「|i| x=(a!(i) 読む)*100+(a!(i+1) 読む)*10+(a!(i+2) 読む)。
18      「どれか!(x==100) (x==11)
19               (x==10)  (x==1) 本当」!なら
20         「b!1 書く」
21       そうでなければ
22         「b!0 書く」実行。
23    」!(n-2) 繰り返す。
24    b!(a!(n) 読む) 書く。
25    !(b) 表示。a=b。
26  」!10 繰り返す。
```

10.4 物理現象のシミュレーション

本章の最後に，物理現象のシミュレーションの例を用いて，シミュレーションの意義を述べる。

ここでは，落下する物体が空気抵抗を受けず，古典力学（ニュートン力学）の法則に従っていると仮定した場合で考える。物体の自由落下の軌跡を表示させるシミュレーションを行うドリトルのプログラムは，プログラム 10.5 となる。

かめは，初速度が y 方向（縦方向）に 0 で（2 行目），加速度 −0.4 で（3 行目）次第に加速しながら（9 行目）地面に向けて落下していく。地面と衝突する（7 行目）と，速度が負から正になり飛び跳ねるが，反発係数を 0.7 としてある（7 行目）ため，落ち始めたところには到達できない。x 方向（横方向）の速度は，常に 3 で一定（1 行目）である。

このプログラムで出来上がった画像を見ると，あたかも，実際に物体が落下している軌跡を描いているように見える。実際の観測データと比

プログラム 10.5 自由落下のシミュレーション

```
1  vx=3。
2  vy=0。
3  dy=-0.4。
4  かめた=タートル ! 作る。
5  かめた ! 500 歩く 500 戻る 図形を作る。
6  かめた ! 90 左回り 200 歩く。
7  かめた:衝突=「:vy= -0.7 * vy 。」。
8  タイマー ! 作る「
9    vy=vy+dy。
10   かめた ! (vx) (vy) 移動する。
11 」実行。
```

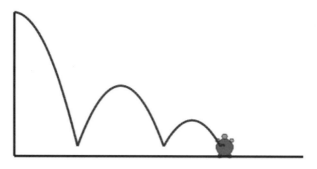

図 10.3 　自由落下の再現

較してみると，プログラムで描いた軌跡が，かなり正確になっていることがわかる。ただし，普通の教室などで実験した結果と，このシミュレーション結果を精密に比較をしてみると，微妙にずれていることもわかる。それは，現実には空気の抵抗があり，また，理想的な反発の仕方をせずに物体が飛び跳ねるから[1]である。したがって，空気抵抗や，飛び跳ね方をなるべく正確にシミュレーションするには，このプログラムでは十分ではなく，さらなる物理学などの理論を利用したシミュレーションが必要となる。

　一般の場合を考えても，シミュレーションには同様の問題が多い。例えば，ある理論に基づいて，ある企業の株価についてのシミュレーションをしても，実際には，そのシミュレーションと異なる値動きになることがある。また，別の理論に基づいて，ある地域の降雪量をシミュレーションで求めても，実際の降雪量を当てることは容易ではない。このように，シミュレーションが現実と合わない理由として考えられる項目は多い。

---

　1) 物体が十分に高速であれば，古典力学では説明ができないこともあるが，それは本書の範囲外とする。

- 現実をシミュレーションする理論が完成していない。
- 本当なら考慮すべき変数を考慮しないで計算をしている。
- コンピュータの計算能力が不足している。

近年は，現実の問題を解決するための方法として，機械学習も利用されつつある。（詳細は，本書では述べない。）機械学習は，人工知能の基本的な方法（理論）である。そして，それらのシミュレーションのために，スーパーコンピュータが開発・運用されている。

演習問題

1. 日常の様々な現象を分析し，値や関係をモデルとして記述せよ。
2. 中学校や高校の理科や社会科（地歴科）の内容から，モデル化できるものを探し，モデルを書け。
3. 「つるかめ算」のバリエーションである「つるかめカブトムシ算」の問題を自分で考え，その問題をプログラミングを利用して解け。

参考文献

[1] 久野 靖，佐藤 義弘，辰己 丈夫，中野 由章（監修）『キーワードで学ぶ最新情報トピックス 2017』（日経 BP 社，2017）ISBN-10: 4822292215
[2] 奥村晴彦『C 言語による最新アルゴリズム事典』（技術評論社，1991）
[3] 東北大学附属図書館：東北大学　和算資料データベース，
http://www.i-repository.net/il/meta_pub/G0000398wasan

11 | データベースの考え方と利用

兼宗進

《目標＆ポイント》 データベースの考え方を理解し，その利点を活かしてどのように利用されているかを説明できるようになる。
《キーワード》 関係データベース，選択，射影，結合，排他制御，トランザクション，データベース管理システム

11.1 データベースの利用

　コンピュータでデータを扱うときに，人が直接操作するときは表計算などのアプリケーションソフトを利用することができる。また，コンピュータのプログラムでは，ファイルにデータを記録して扱うことができる。個人が小規模なデータを扱う場合にはこのような使い方で問題ないが，多くの場所から同時に使われたり，複雑なデータを扱う場合にはデータベースの利用が必要になる。
　データベースは複数のコンピュータがネットワークで通信しながら業務を行う情報システムと呼ばれるプログラムから利用されることが多い。例えば銀行の口座管理，コンビニエンスストアの商品管理，図書館の蔵書管理などである。

11.2 関係データベース

　データベースは歴史的には様々な方式が使われてきたが，現在使われているデータベースの多くは関係データベースと呼ばれる方式を採用し

ている．関係データベースでは，データを複数の表の形で扱うことが特徴である．情報は複数の表に分かれて格納されているため，必要に応じて複数の表を組み合わせることで目的のデータを取り出すことができる．

（商品テーブル）

商品コード	商品名	価格
1101	麦茶	100
1102	緑茶	130
1103	紅茶	150
1104	番茶	130
1105	ココア	140

（売上テーブル）

売上日	時間帯	年齢層	商品番号
4/1	朝	若者	1101
4/1	朝	若者	1103
4/1	昼	成年	1101
4/1	夜	成年	1103
4/2	朝	子ども	1102
4/2	朝	若者	1104

図 11.1　商品データベースの例

　図 11.1 に商品データベースの例を示す．このデータベースは 2 つの表（テーブル）から構成されている．商品テーブルはお店で扱っている商品の情報である．売上テーブルは販売に関する記録である．

　個々の表は行と列から構成される．関係データベースでは，表のデータに順番はなく，表の中に同じ値のデータは存在しない．

　個々のデータを区別するための項目をキーと呼ぶ．図 11.1 で項目名に下線が引かれた項目は主キーと呼ばれる代表的なキーとして扱われる．複数の表はキーを手がかりに結び付けられる．例えば売上テーブルの中で，商品の情報は商品コードによって商品テーブルから得ることができる．キーは「会社名と社員番号」のように複数の項目の組み合わせで作られる場合もある．

　関係データベースの表に対する集合的な操作としては，表にデータを加える「和 (union)」，表からデータを削除する「差 (difference)」をはじめとして，「積 (intersection)」「商 (division)」「直積 (cartesian product)」

などが知られている。

一方，データベースから目的のデータを取り出すためには，「射影 (projection)」「選択 (selection)」「結合 (join)」の操作が有用である。本章では主にこれらの操作を説明する。

11.3 sAccess によるデータベース入門

データベースの教育用に開発された sAccess を使い，射影，選択，結合などの操作を画面で確認しながら理解しよう。sAccess は web ブラウザから利用することができる[1]。

sAccess のページから使用するデータベース（プリセット DB）から「コンビニ（放送大学）」データベースを指定すると，あらかじめ入力された「表示　売上データ」の命令が実行され，売上データの全体が表示される。

全 158 件

	商品コード	売上日	時間帯	年齢層
1	1101	4/1	朝	若者
2	1103	4/1	朝	若者
3	1101	4/1	昼	成年
...	...	...	...	...

次に，データを検索するために選択命令のプログラムを追加しよう。sAccess のプログラムは独自の文法で記述する。最初に命令を書き，続いて空白で区切りながら列の名前や値などを記述する。複数の命令を書いた場合には，sAccess では書いた命令が 1 行ずつ上から順に実行される。

「選択」を使うと，条件を指定して行を選択することができる。次の例で，「選択　時間帯　朝」は時間帯が朝であるという条件を指定している。

---

1) sAccess のサイト (http://saccess.eplang.jp) から sAccess を起動する。

（sAccess のプログラム例）

```
表示  売上データ
選択  時間帯 朝
```

上のプログラムを実行すると，時間帯が朝のデータだけが表示され，件数が減っていることがわかる。

全 36 件

商品コード	売上日	時間帯	年齢層
1101	4/1	朝	若者
1103	4/1	朝	若者
1102	4/2	朝	子ども
...	...	...	...

「結合」を使うと，他の表を結合して１つの表にまとめることができる。次の例で，「結合　商品データ」は商品データを売上データに結合している。２つの表は，同じ名前の列のデータを使うことで対応を判断している。このように，列の名前で対応付ける結合を自然結合と呼ぶ。

（sAccess のプログラム例）

```
表示  売上データ
選択  時間帯 朝
結合  商品データ
```

上のプログラムを実行すると，件数は変わらないが，列の数が増え，売上の情報に加えて商品の情報が表示されていることがわかる。

全 36 件

商品コード	売上日	時間帯	年齢層	商品名	価格
1101	4/1	朝	若者	麦茶	100
1103	4/1	朝	若者	紅茶	150
1102	4/2	朝	子ども	緑茶	130
...	...	...	...	...	...

ここでもう1つ「選択」を追加してみよう。選択を複数追加すると、それらの条件をすべて満たすというAND条件の意味になる。次の例では、時間帯が朝で年齢層が若者という条件を指定している。

(sAccessのプログラム例)
```
表示　売上データ
選択　時間帯　朝
結合　商品データ
選択　年齢層　若者
```

上のプログラムを実行すると、条件を追加したことにより件数が減っていることがわかる。

全 13 件

商品コード	売上日	時間帯	年齢層	商品名	価格
1101	4/1	朝	若者	麦茶	100
1103	4/1	朝	若者	紅茶	150
1104	4/2	朝	若者	番茶	130
...	...	...	...	...	...

前の例では、2つの表を結合したことで列の数が増え、不要な列まで表示されるようになってしまった。「射影」を実行することで、特定の列だけを表示することができる。次の例で、「年齢層，商品名，価格」はこれらの列だけを表示することを指定している。

(sAccessのプログラム例)
```
表示　売上データ
選択　時間帯　朝
結合　商品データ
選択　年齢層　若者
射影　年齢層，商品名，価格
```

上のプログラムを実行すると、件数は変わらないが列の数が減ってい

ることがわかる。

全 13 件

年齢層	商品名	価格
若者	麦茶	100
若者	紅茶	150
若者	番茶	130
...	...	...

11.4 SQL

数多くの種類が存在するプログラミング言語と違い，データベースの操作言語は SQL が標準化されて広く使われている。SQL を使うことで，データベースや表の作成 (create)，データの登録 (insert) と更新 (update) と削除 (delete)，そしてデータの検索 (select) を行うことができる。

11.3 で扱った問い合わせを SQL で書いてみよう。ここでは sAccess と同様にブラウザから利用できる SQL エディタを使う[2]。

SQL を使うときは，最初に use 文でデータベースを指定する。今回は sAccess と同じ「コンビニ」データベースを使う。すると画面の表示が「接続中のデータベース：なし」から「接続中のデータベース：コンビニ」に変わる。

```
use コンビニ
```

次に，データを検索するために select 文を使おう。SQL では命令を 1 行で書く。sAccess と違い，上から順に実行されるわけではない。

select 文では，「select」という命令に続いて，表示する列を指定する。次の例で，「*」はすべての列を表示するという意味である。表は「from」

---

[2] sAccess のサイト (http://saccess.eplang.jp) から SQL エディタを起動する。ID とパスワードは空欄のままで構わない。

で指定する。この例では「売上データ」の表を使っている。

```
select * from 売上データ
```

上のプログラムを画面の「SQL 実行」の枠に入力して「送信」ボタンで実行すると，売上データの全体が表示される。

全 158 件

商品コード	売上日	時間帯	年齢層
1101	4/1	朝	若者
1103	4/1	朝	若者
1101	4/1	昼	成年
...	...	...	...

「where」を使うと，条件を指定して「選択」を行うことができる。次の例で，「時間帯='朝'」は時間帯が朝であるという条件を指定している。

```
select * from 売上データ where 時間帯='朝'
```

上のプログラムを実行すると，時間帯が朝のデータだけが表示され，件数が減っていることがわかる。

全 36 件

商品コード	売上日	時間帯	年齢層
1101	4/1	朝	若者
1103	4/1	朝	若者
1102	4/2	朝	子ども
...	...	...	...

「join」を使うと，他の表を指定して「結合」を行うことができる。次の例で，「売上データ join 商品データ using(商品コード)」は商品コードの列をキーとして，商品データを売上データに結合することを指定している。

```
select * from 売上データ join 商品データ using(商品コード)
where 時間帯='朝'
```

上のプログラムを実行すると，件数は変わらないが，列の数が増え，売上の情報に加えて商品の情報が表示されていることがわかる。

全 36 件

商品コード	売上日	時間帯	年齢層	商品名	価格
1101	4/1	朝	若者	麦茶	100
1103	4/1	朝	若者	紅茶	150
1102	4/2	朝	子ども	緑茶	130
...	...	...	...	...	...

条件式に「and」を使うと，複数の条件を指定することができる。次の例で，「where 時間帯='朝' and 年齢層='若者'」は時間帯が朝で年齢層が若者という条件を指定している。

```
select * from 売上データ join 商品データ using(商品コード)
where 時間帯='朝' and 年齢層='若者'
```

上のプログラムを実行すると，条件を追加したことにより件数が減っていることがわかる。

全 13 件

商品コード	売上日	時間帯	年齢層	商品名	価格
1101	4/1	朝	若者	麦茶	100
1103	4/1	朝	若者	紅茶	150
1104	4/2	朝	若者	番茶	130
...	...	...	...	...	...

前の例では，2つの表を結合したことで列の数が増え，不要な列まで表示されるようになってしまった。列の指定に「*」の代わりに列の名前を「,」で区切って指定することで，射影により特定の列だけを表示することができる。次の例で，「年齢層,商品名,価格」はこれらの列だけを表示することを指定している。

```
select 年齢層,商品名,価格 from 売上データ join 商品データ using(商品コード)
where 時間帯='朝' and 年齢層='若者'
```

上のプログラムを実行すると，件数は変わらないが列の数が減っていることがわかる。

全 13 件

年齢層	商品名	価格
若者	麦茶	100
若者	紅茶	150
若者	番茶	130
...	...	...

11.5 スキーマ設計と正規化

関係データベースは表でデータを扱う。そこで，データベースを定義するためには，扱いたい情報を表の形に整理する必要がある。ここでは3段階で設計を行う例を示す。

1) 扱いたい情報を列挙し，どのように使うかを含めて整理する
2) 実体関連図を使い，情報の関係を整理する（概念スキーマ設計）
3) データベースの表を設計する（論理スキーマ設計）

図 11.2　図書の実体関連図の例

図書室の本の貸出を考えてみよう。棚には「図書」が並んでおり，「生徒」は本を手にとって閲覧し，本を「貸出」する。情報として残す必要があるのは，どの本を誰に貸したかという記録である。この例のように，設計の最初では現実世界のものごとを分析し，どのような情報をデータ

ベースで扱うかを整理する。

　扱う情報の性質を考えると，「図書」と「生徒」は実体があるが，「貸出」は実体同士の関係を表していることがわかる。このような関係は実体関連図（ER図）で表すことができる。図11.2は図書の貸出に関する実体関連図の例である。図書と生徒の長方形は実体（Entity）を，貸出のひし形は関連（Relationship）を表す。

　関係データベースでは実体と関連はともに表として表される。この例では図書と生徒の表を定義した後で，それらの主キーの値の対応を貸出の表で定義することになる。

　表を定義するときは，プログラミング言語の変数と同様に，列の名前とデータ型を指定する。データ型には数値と文字列の他に，日付型などが存在する。日付型については，例えば名簿を作るときに年齢という列を作ってしまうと，誕生日が来るとその人の年齢は正しい値ではなくなってしまう。そこで年齢の代わりに生年月日を入れておくことが考えられる。

　次に，実体関連図から表を設計する。図書テーブルは1冊ごとの図書の実体を表す。1冊ずつに異なる番号（資料番号）が付けられており，バーコードの形で貼られていることが多い。複数の図書館が存在する場合はどの図書館に置かれているかという情報が必要である。本には書名（タイトル）があり，著者と出版社の情報も必要になる。

　貸出テーブルは1冊の図書が誰に借りられたかという関連を表す。基本的には図書の番号（資料番号）と生徒の番号（生徒番号）だが，いつ貸し出して（貸出日），いつまで借りられて（返却期限日），いつ返したか（返却日）の情報も必要になる。

　生徒テーブルは生徒の番号（生徒番号）と氏名などの情報が必要になる。生徒は氏名で区別できることも多いが，学校全体や複数年の利用を

考えたときは同姓同名が存在する可能性を考慮して，氏名とは別に生徒番号を付与することが安全である．

（図書テーブル）

資料番号	図書館	タイトル	著者	出版社
1001	幕張	ソフトウェアの仕組み	辰己丈夫	放送大学
1002	渋谷	放送大学入門	中谷多哉子	放送大学
1003	幕張	授業履修のコツ	白銀純子	放送大学
...	...	...	...	...

（貸出テーブル）

資料番号	生徒番号	貸出日	返却期限日	返却日
1001	18A001	4/5	4/19	
1002	18A003	4/5	4/19	4/6
1002	18A002	4/6	4/20	
...	...	...	...	...

（生徒テーブル）

生徒番号	氏名
18A001	浅田顕子
18A002	伊藤泉
18A003	上田浮世
...	...

図 11.3　実体関連図から作成したテーブルの例

上の例でデータベース設計の流れを体験したが，実際には同じ本が図書館に2冊以上ある場合を考慮すると，図書テーブルは「本のタイトルごとのテーブル」と「現物の1冊ごとのテーブル」に分割した方が管理しやすい可能性がある．作成した表については，このような正規化と呼ばれる設計の見直しが行われる．

11.6 排他制御とトランザクション

11.6.1 排他制御

　銀行の自動出納端末である ATM(Automated/Automatic Teller Machine) から残高が 0 円の口座に 500 円を送金することを考えてみよう。ATM のプログラムはデータベースから口座残高を読み取り，残高に 500 円を加えた金額を口座に書き込む。ATM のプログラムの中で計算するための変数を x とすると，このような処理が行われることになる。

処理 A	x の値	口座残高
x＝口座;	0	0
x＝x+500;	500	0
口座＝x;	500	500

　この処理は一度に 1 つのプログラムが行うときは問題ないが，複数のプログラムが同時に同じ口座に送金するときは注意が必要である。処理のタイミングによっては，次のような処理が行われ，2 か所から 500 円ずつを送金したにも関わらず，口座には 1000 円でなく 500 円しか振り込まれないことがあり得る。

処理 A	x の値	処理 B	y の値	口座残高
x＝口座;	0			0
x＝x+500;	500	y＝口座;	0	0
口座＝x;	500	y＝y+500;	500	500
		口座＝y;	500	500

　この現象は，「口座に 500 円を足す」という本来は 1 つの命令で行われるべき処理が「口座の金額を読み，計算し，口座に書き戻す」という複数の処理に分割されて実行されたことと，これらの処理中に同じ口座に対して他の処理が実行されたことが原因で発生した。今回の処理のよう

に，同時に処理すると矛盾が発生する可能性のある部分をクリティカルセクション (critical section) と呼ぶ．

このような矛盾を解決する手段として，排他制御の考え方がある．クリティカルセクションの処理を行う前に処理の対象データに鍵をかけて専有し (lock)，処理が終わったら鍵を解放する (unlock) ことで，処理の不可分操作 (atomic Operation) を実現する．ある処理が lock を実行している間に他の処理が lock を実行すると，実行されている処理が unlock されるまで処理を待つことになる．

11.6.2 トランザクション

排他制御を行うことで，1つの口座に対する送金処理を解決することができた．「ある口座 A から別の口座 B に送金する」場合は，次の処理を行う必要がある．このとき，口座 A から引き落とす処理を完了した後で口座 B への振込処理が失敗すると，引き落とされた 500 円が消えてしまうことになる．

そこで，データベース管理システムではトランザクションという仕組みを提供している．トランザクションにより，処理は「すべての処理を完了した状態か，すべての処理を行わなかった状態」になる．トランザクションを使用した送金処理は次のようになる．コミットはトランザクション中のすべての処理を確定する．ロールバックはトランザクション中のすべての処理をトランザクション前の状態に戻す．

トランザクションはデータ処理の原子性，一貫性，独立性，永続性を実現する．これらの性質は英字の頭文字から ACID と呼ばれる．

11.7 データベース管理システム

大切なデータを安全に管理するために，データベースを管理する専用のプログラムとして，データベース管理システム（DBMS）が用意されている。データベースへのアクセスが必ずデータベース管理システムを通して行われることで，データベースの状態が常に矛盾のないように保たれていることを保証することができる。

データベース管理システムは大量のデータを高速に扱えるほか，データの値や項目間の整合性，アクセスの権限によるセキュリティ管理，バックアップと障害回復などデータの安全性を提供する。

11.8 まとめ

この章では，関係データベースを中心に，代表的なデータ操作の考え方とSQL言語による操作，正規化の考え方，データベース管理システムによるデータの管理などを紹介した。

現代は情報社会であり，信用情報や資産情報が正しく管理されないと社会が成立しない。それらの情報を矛盾なく管理するための技術としてデータベースが役立っている。

演習問題

1. sAccess を使い，夜の時間帯に売れている商品を検索せよ。
2. ACID について調べ，それぞれの性質を理解せよ。

12 | オブジェクト指向の考え方

中谷多哉子

《目標&ポイント》 オブジェクト指向プログラミングの例に基づいて，オブジェクト指向の考え方を理解し，その考え方がプログラマの負荷を軽減させるのに役立つことを説明できるようになる。
《キーワード》 オブジェクト，クラス，インスタンス，メソッド，メッセージ，情報隠蔽，カプセル化，継承

12.1 はじめに

　この章では，オブジェクト指向プログラムを解説することで，オブジェクト指向の特徴と，その特徴に期待されている効果を紹介する。一般にプログラム言語は，その設計思想によっていくつかの種類に分類されている。例えば，関数型言語，手続き型言語，オブジェクト指向型言語などがある。オブジェクト指向プログラミング言語には，Smalltalk，C++，C#，Java，JavaScript などがある。この章では Java を使ってプログラムの具体例を示すことにする。

12.2 歴史

　オブジェクト指向の歴史は，Simula と呼ばれるシミュレーション用に開発された言語から始まったといわれている。Simula の概念を継いでオブジェクト指向プログラミング言語 Smalltalk の開発が 1970 年代に Xerox Parc で始められた。Smalltalk-80（以下，Smalltalk）は，1980 年に発表

され，商用ベースの言語として一般の開発者にも使われるようになった。Smalltalk は，GUI (Graphical User Interface) という新しい利用者インタフェースを提示した。ウィンドウ，マウス，メニューといった，今日では一般的である利用者インタフェースを提供したのが Smalltalk である。GUI を実現する開発の枠組みとして開発された MVC (Model-View-Controller) フレームワークは，現在の web アプリケーションを開発するためのフレームワークとして進化発展して使われている。Smalltalk が社会に与えた影響は GUI だけではない。プログラマの負荷を軽減するために様々なアイディアも提供した。

既存のプログラムの再利用は，プログラムの生産性と信頼性を向上させるために重要である。しかし，当時，プログラマは NIH (Not Invented Here) 症候群と呼ばれるジレンマを抱えていた。再利用すれば良いことは知っているが，「自分が作ったモノ以外は信用できない」から使いたくないという状況だったのである。しかし，Smalltalk はこの状況を変えたと考えられる。Smalltalk は，再利用可能なライブラリクラスをソースコードと共にプログラマに提供していた。Smalltalk のプログラマはライブラリクラスのソースコードを読み，それを再利用することによってオブジェクト指向のプログラミング作法を学び，生産性が格段に向上することを体験した。Java は言語仕様と共に，ライブラリクラスの詳細な仕様をインターネットで公開している。今日では，ライブラリクラスを再利用せずにオブジェクト指向のプログラムを作ることは，まず考えられない。

さらに，Smalltalk は，言語処理系としてのコンパイラの他に，プログラミングをするためのライブラリ検索，プログラム編集，相互参照追跡，デバッグなどを支援する開発環境を提供していた。Eclipse 等のプログラミングを支援する開発環境の機能の多くは Smalltalk の開発支援環境に

も含まれていた。開発支援環境は，当時のプログラマの作業負荷を軽減してくれただけでなく，テストを行いながら開発を行うという習慣をプログラマが身に付けることにも貢献した。テストファーストは，アジャイル開発[1]のスローガンの1つである。アジャイル開発は，日本のソフトウェア開発でも広く受け入れられつつあるが，アジャイル宣言[2]に名を連ねている Kent Beck は Smalltalker[3] としても知られている。

オブジェクト指向プログラミング言語は，Smalltalk の後，C++，やObjectiveC[4] などが開発され，インターネットの普及と共に，Java や C#などの言語が開発され，今日に至っている。

このように，オブジェクト指向は，現在のソフトウェア開発に大きな影響を与えた考え方である。1980 年代後半は，当時の第二次ブームの人工知能と比較して，オブジェクト指向のどちらが役に立つのかといった議論があったが，オブジェクト指向は Java の普及と共に市民権を得て，一般的な開発の考え方になった。

12.3 特徴

オブジェクト指向の特徴を説明するために，簡単な Java プログラムの例を用いることにする。

---

1) 発注者や顧客の協力を得ながら，短いサイクルでプログラムを提供し続ける開発の進め方。
2) http://agilemanifesto.org/iso/ja/manifesto.html（2017 年 11/21 現在）
3) Smalltalk でプログラムを作る技術者のこと。
4) Steve Jobs が NeXT コンピュータの OS を実装するために使った言語。その後，macOS や iOS の開発言語としても使われた。

12.3.1 オブジェクト

以下のプログラム (12.1) は，x と y の和を z に代入するプログラムである。

$$z = x + y; \tag{12.1}$$

(12.1) の式に不具合は生じないであろうか。例えば，x, y, z が共にものさしなどで計ることができる長さの値を代入する変数であった場合，計算は正しく行われるであろうか。x の長さの単位は cm で，y の長さの単位が m だとしたらどうであろうか。さらに z の単位が km であった場合はどうであろうか。

単位の異なる長さの加算をコンピュータに正しく計算させるためには，単位変換をするためのプログラムが必要である。例えば，次のようなプログラムを考えてみる。

$$z = x/100000.0 + y/1000.0; \tag{12.2}$$

これは，x の単位は cm で，y の単位は m であり，z の単位は km であるときの加算のプログラムである。ゼロの数を間違えないようにプログラムを書くのは面倒であるが，手間をかけたにもかかわらず，うっかりゼロの数を間違えてもコンピュータは計算結果を出してくれる。このような誤りを見つけるのは非常に難しい。しかも，この式は，x や y, z の単位が変わると使えなくなる。

もし，x や y や z が他の単位で与えられることを考慮するとしたら，式 (12.2) は複数の条件分岐を伴うものとなる。そして，対応する単位が増えるに従って条件分岐は増えていく。条件分岐はプログラムを複雑にする構造である。例えば，条件分岐の数を用いてプログラムの複雑度を評価する方法がある[5]。複雑なプログラムがなぜ問題なのかというと，複

---

[5] 代表的な指標に，Thomas McCabe の Cyclomatic Complexity がある。

雑なプログラムは，それを作るときのプログラマに負担をかけるだけでなく，できあがったプログラムを読む人にも大きな負荷を与えるからである。負荷や負担がかかると，プログラムに不具合があっても気づけない可能性が高くなる。もし可能であれば，できるだけ複雑にならないようにプログラムを作らなければならない。

オブジェクト指向では，この「プログラムが複雑になる」という問題を解決するために，処理対象となる「モノ」に対応する「オブジェクト」という概念を導入した。オブジェクト指向が目指したのは，次のようなストーリーである。

> 長さオブジェクトが，自分の値と単位を知っており，単位変換の手続きを知っていれば，プログラマは，「長さオブジェクト君，君の m（メートル）値をくれたまえ」というようにプログラムを書けるようになる。これは，かなり単純なプログラムになるはずだ。

以降，本章では，「長さオブジェクト」というように，オブジェクトを指し示すときに，オブジェクトの種類に「オブジェクト」というラベルを付与することにする。さて，長さオブジェクトに計算を依頼すれば，正しく m の値を返してくれるはずであるが，そのプログラムが (12.2) と比べてどのように異なるかを示していこう。そのプログラムを Java で書くと以下のようになる。

$$x = aNagasa.getM(); \quad (12.3)$$

ここで，「aNagasa」は長さオブジェクトが代入されている変数である。

オブジェクト指向プログラムでは，クラスと呼ばれるオブジェクトの種別，あるいは型ということもあるが，これに不定冠詞を付けて，変数名とする慣習がある。このように変数名を作ることによって，変数名を

見れば，その変数にどのようなオブジェクトが代入されているのかがプログラムの読み手にわかるようになる。

式 (12.3) は，「aNagasa に getM という手続きを実行するように指示し，その結果を x に代入する」と解釈するが，この指示の意図には，aNagasa の値をメートルに単位変換することが含まれる。つまり，単位変換は，指示を受けたオブジェクト自身が行う仕事になっているので，(12.3) を書くプログラマが考える必要はない。単位変換をするプログラムを書く必要がなくなっているため，プログラマは，変数に代入されている長さがどのような単位の値なのかを意識することなくプログラムを作ることができるようになる。よってプログラマの負荷が減る。長さの単位に依存した条件分岐も必要なくなる。よって，プログラムは単純になる。

長さオブジェクトをどのようにプログラムしているのかは，もう少し後で紹介する。ここでは，オブジェクトという言葉に慣れるために，オブジェクトの例をいくつか挙げておく。この例と同様，「重さ」もオブジェクトとして取り扱うことができる。「人」や「書籍」などもオブジェクトである。このような具体的で触れることができるモノだけでなく，最近のオブジェクト指向プログラムでは，「状態」や「アルゴリズム」などもオブジェクトとして取り扱っている。

getM のように，オブジェクトに手続の実行を依頼すれば処理結果を受け取ることができる。したがって，インターネットを介して図書を検索したり，商品を注文したりするサービスを「手続きの実行を依頼して，その処理結果を受け取る」と考えるならば，これらのサービスを提供するプログラムをオブジェクトと考えることもできる。

図書を検索するオブジェクトが，図書館サービスという名前のオブジェクトであるとしたら，おそらく，このオブジェクトには，検索だけでなく，図書の貸し出しや貸し出し予約を依頼することもできそうである。

実際に，私たちがインターネットを介して図書の検索サービスを探すときは，単一のサービスを探したいのではなく，図書館に関する様々なサービスを提供しているサイトを探したいことが多いだろう。オブジェクトは「長さ」のように小さなものもあれば，「図書館サービス」のように規模が大きいものもある。

オブジェクト指向の鍵を握っているのは，「どのようなサービスをまとめて1つのオブジェクトにするか」という設計である。長さオブジェクトの設計では，単位変換だけでなく，他の長さオブジェクトとの加算や比較演算も持たせるべきである。なぜならば，長さオブジェクトは長さの値と単位を属性として持っており，上記の演算や処理は，いずれも長さの値と単位を参照するからである。

では，長さオブジェクトが持つべき「加算」という処理を考えてみよう。次の例は，長さが0.0メートルの長さオブジェクト aNagasaZ に aNagasaX と aNagasaY を足し込むプログラムである。

（長さの加算プログラム）
```
1    Nagasa aNagasaX;
2    Nagasa aNagasaY;
3    Nagasa aNagasaZ;
4        // 長さ 20.0cm の新しい長さオブジェクト aNagasaX を作る.
5    aNagasaX = new Nagasa(20.0, "cm");
6        // 長さ 1.5km の新しい長さオブジェクト aNagasaY を作る.
7    aNagasaY = new Nagasa(1.5, "km");
8        // 長さ 0.0m の新しい長さオブジェクト aNagasaZ を作る.
9    aNagasaZ = new Nagasa(0.0, "m");
10   aNagasaZ.add(aNagasaX);    // aNagasaZ に aNagasaX を足し込む.
11   aNagasaZ.add(aNagasaY);    // aNagasaZ に aNagasaY を足し込む.
12       // aNagasaZ の値を km で取り出し, 標準出力に出力し, 改行する.
13   System.out.println(aNagasaZ.getKM());
```

長さオブジェクトの属性は，単位と値である。20.0cm という長さオブジェクト aNagasaX の単位は cm であり，値は 20.0 である。長さオブジェ

クトのaddという手続きでは，aNagasaZが自分の値に，引数で与えられたオブジェクトの値を，自分の単位と同じ単位の値となるように変換した後に足し込む。

前述したように，長さの加算をする前に単位変換が必要であることは，長さオブジェクトが知っている。このように，オブジェクトは複数の属性を持ち，また，複数の手続きを持っており，これによって，他のオブジェクトから期待される役割を果たすモノである。実際の長さオブジェクトのプログラムは後で示す。

12.3.2 メソッド

オブジェクト指向では，属性と同じように，オブジェクトは複数の手続きを持っている。オブジェクト指向では，オブジェクトが保持している手続きをメソッドという。メソッドに，オブジェクトが様々な判断をし，正しい計算を行うための知識がプログラミングされている。

オブジェクトに定義できるメソッドは2種類ある。

1) 自分の属性だけを参照して処理するメソッド

例えば，getKMという手続きがこれに相当する。このメソッドでは，自分の値と単位という属性を参照して，キロメートルへ単位変換した値を返す。

2) 引数で与えられたオブジェクトを参照して計算を実行するメソッド

すでに紹介したaddは，長さオブジェクトを引数で受け取る。

以上のことをまとめる。長さオブジェクトの属性とメソッドは以下のようなものとなる。

属性: 実数，単位（例えば，mm, cm, m, km など）

メソッド: getMM(), getCM(), getKM(), add(長さオブジェクト) などの四則演算，比較演算など。

オブジェクト指向プログラミング言語を用いてプログラムを記述すれば，プログラマの間違い（この場合は単位変換を忘れたり，単位の異なる値を加算したりする間違い）を減らすことができる．すなわち，オブジェクト指向でプログラムを作成することで，プログラムの品質の向上を期待できるのである．

12.3.3 メッセージ

オブジェクトを用いてプログラムを構成するとき，オブジェクト指向ではメッセージ送信と呼ばれる機構を使う．オブジェクト指向では，オブジェクト同士がメッセージを交換することでプログラムの処理が進められる．

先に示した長さの加算プログラムを読み下すと以下のようになる．

- 4〜9行目：長さオブジェクト aNagasaX, aNagasaY, aNagasaZ を新しく生成します．
- 10行目：aNagasaZ さん，aNagasaX を足し込んでください．
- 11行目：aNagasaZ さん，aNagasaY を足し込んでください．
- 13行目：System の標準出力さん (System.out)，aNagasaZ さんが km 数を返してくれるので，それを出力して改行してください．

ここで System は，Java が提供している一般のプログラマが利用可能なライブラリクラス[6]である．このプログラムの10行目と11行目のメッセージの受け手は aNagasaZ であるが，送り手は，このプログラムを実行するメソッドの持ち主であり，それもまたオブジェクトである．add,

---

[6] 2017年11月現在，System の仕様は，https://docs.oracle.com/javase/jp/6/api/java/lang/System.html．System.out によって得られるオブジェクトのクラス PrintStream の仕様は https://docs.oracle.com/javase/jp/6/api/java/io/PrintStream.html に公開されている．

getKM，そして println はいずれも引数を伴うメッセージである。

メッセージに対応するメソッドを実行するのは，メッセージの受け手のオブジェクトである。

12.3.4 情報隠蔽とカプセル化

オブジェクト指向では，メッセージの送り手は，メッセージの受け手であるオブジェクトが，どのようなアルゴリズムの手続きを実行するのかといった処理の詳細や，どのような属性を持っているのかを知ってはいけないことになっている。これを情報隠蔽という。

私たちも他人の予定表をのぞかないといった行動をとるが，情報隠蔽は私たちの日常生活でも一般的である。情報隠蔽によって，オブジェクトの属性や手続きの詳細が，メッセージを送るオブジェクトに隠蔽されているため，オブジェクトが持っている手続きのアルゴリズムを変更したり，属性の名前と構造（データ構造ともいう）を変えたりすることも，比較的自由に行えるようになる。このことから，情報隠蔽がプログラムの保守性を向上させるための仕組みとなっていることがわかる。データ構造と手続きを組み合わせて，両者を情報隠蔽することをカプセル化という。

12.3.5 クラスとインスタンス

オブジェクト指向プログラミング言語は，オブジェクトベース[7]の言語とクラスベースの言語とに大別できる。ここでは Smalltalk，Java や C++，C# などが属するクラスベースのオブジェクト指向プログラミング言語の特徴であるクラスについて解説する。

同じ種類のオブジェクトが共通に持つべきデータ構造と手続きを1か

---

7) この例に JavaScript，Self，Dolittle などがある。

所にまとめておくと，1か所を変更するだけで，同じ種類のオブジェクトの振る舞いを変更できるようになる。これで，個々のオブジェクトが独自のデータ構造と手続きを持つよりも保守性が向上する。

クラスベースのオブジェクト指向プログラミング言語では，整数や実数に相当する型を指し示す「クラス」という用語と，1.0mや3.5kmといった具体的な例を指し示す「インスタンス」という用語を用いて，型とオブジェクトとを区別する。インスタンスとは，事例という意味であり，オブジェクトと同義である。クラスには，インスタンスの型の情報として，データ構造と手続き（メソッド）を定義する。クラスベースのオブジェクト指向プログラミング言語では，プログラムをクラスによって構成する。プログラムが起動されると，クラスからインスタンスが生成され，インスタンス固有の属性値が与えられる。プログラムの処理は，インスタンス間でメッセージ送信を行いながら進められていく。

下に，長さクラスのプログラムをJavaで作ってみた。

```
1   import static java.lang.System.out;
2       // ライブラリクラスを利用するための宣言
3   /*例題のためのメインプログラム*/
4   class Sample{
5       public static void main(String args[]){
6           Nagasa aNagasa;
7           Nagasa otherNagasa;
8           aNagasa = new Nagasa(3.0, "cm");
9           otherNagasa = new Nagasa(5.0, "m");
10          aNagasa.add(otherNagasa);
11          System.out.println("長さは"+aNagasa.getCM+"cm です.");
12          System.out.println("長さは"+aNagasa.getM+"m です.");
13      }
14  }
15  /*    クラス長さの定義    */
16  class Nagasa{
17      private double atai;                    //値
18      private String tanni="m";               // 単位. 初期値はメートル
19      /*------- インスタンスを生成するときに起動される手続き
```

```
20              値 newAtai と単位 newTanni を引数として受け取る------- */
21          Nagasa(double newAtai, String newTanni){
22              if (newTanni == "m"){              //newTanni がメートルならば
23                  this.setM( newAtai );          //setM を呼び出して値を設定する
24              } else if (newTanni == "cm"){      //newTanni が cm ならば...
25                  this.setCM(newAtai);           //setCM を呼び出して値を設定する
26              } else if (newTanni == "km"){      //newTanni が km ならば...
27                  atai = this.setKM(newAtai);    //setKM を呼び出して値を設定する
28                  } else {
29                      //それ以外はエラー
30                      atai = this.setOthers(newAtai};
31                  }
32          }
33
34          public double getCM(){
35              //cm 値の問い合わせには，単位変換をした結果を返す
36              return(this.getM()*100.0);
37          }
38          public double getM(){
39              //m 値の問い合わせには，atai をそのまま返す
40              return(atai);
41          }
42          public double getKM(){
43              //km 値の問い合わせには，単位変換をした結果を返す
44              return(this.getM()/1000.0);
45          }
46          public void setCM(double newAtai){
47              //cm 値を設定するときは newAtai を m に単位変換して atai に結果を代入する
48              atai = newAtai/100.0;
49          }
50          public void setM(double newAtai){
51              //m 値を設定するときは newAtai を atai に代入する
52              atai = newAta;
53          }
54          public void setKM(double newAtai){
55              //km 値を設定するときは newAtai を m に単位変換して atai に結果を代入する
56              atai = newAtai * 1000.0;
57          }
58          public void setOthers(double newAtai){
59              //エラーとする．
60              System.out.println("長さの単位は cm,m,km のいずれかしか受け付けられません");
```

```
61        }
62        public void add(Nagasa aNagasa){
63            // 加算のときは，引数の長さオブジェクトの m 値を求めてから atai に足し込む
64            atai = atai + aNagasa.getM();
65        }
66    }
```

class Nagasa よりも前が，このプログラムのメインのプログラムであり，動作確認をするためのテストプログラムになっている。ここで2つの長さオブジェクトが生成されている。aNagasa と otherNagasa である。

class Nagasa 以降が長さクラスの定義となる。メインのプログラムには単位変換の処理はないが，10行目の加算 add で単位変換が行われており，足し込まれた値は，いずれの単位でも取り出すことができることを確認してもらいたい。

12.3.6 継承

オブジェクト指向プログラムを作成していると，似たようなクラスを多数定義しなければならないことがある。2点間の距離も，長さと同じように値と単位を持っており，単位変換や加算が行える。

「距離も長さの一種である。」

この記述には，長さの方が距離よりも一般的な概念であり，距離を特殊な長さとして取り扱おうという意図が示されている。長さの特徴を理解している人であれば，差分の説明を受けることで距離の概念を理解することもできよう。同様に，プログラミング言語にも，既定義の長さクラスを利用して新しい距離クラスを定義することで，同じコードを書かなくてもよいようにする機構が考案された。これが継承である。

「BはAの一種である」と言えるとき，クラスBには，クラスAを継承することに加えて差分だけを定義する。例えば，距離クラスが長さクラ

スを継承すれば，マイルや里，海里，光年などの単位を取り扱うメソッドを追加するだけで，四則演算などは，長さクラスのメソッドをそのまま使うことができる[8]。クラス間に継承構造を定義することによって，既定義のクラスを再利用して新しいソフトウェアを作ることができるようになるため，ソフトウェア開発の生産性が上がるといわれている。

12.3.7 多相性

オブジェクト指向には，メソッドを無効化する機構もある。距離クラスでは，長さクラスに定義されていたsetOthersを無効（override）にして，再定義すればよい。これによって，距離クラスのインスタンスは新しく定義されたsetOthersを起動できるようになる。長さクラスのインスタンスは，これまでどおり既定義のsetOthersを起動する。同じ名前のメッセージでも，そのメッセージを受け取るオブジェクトが異なれば別のメソッドを起動できるのは，オブジェクトがカプセル化されているからである。

1つのメッセージ名を使って，複数のクラスが異なるメソッドを定義しているとき，メッセージが多相性（Polymorphism，多態性ということもある）と持つという。多相性とは，複数の意味を持つという意味である。多相性によってプログラムの理解性を向上させることができるのだが，使い方を誤ると可読性を下げるという弊害がある。多相性は両刃の剣である。オブジェクト指向に関するより詳細な解説は，オブジェクト指向の入門書[9]等を参照してもらいたい。

---

[8] コンピュータの有効桁数のことを考えると，この計算を正しく計算できない恐れがあるが，ここでは，継承という意味を説明するために長さと距離の概念を使った。
[9] 青山幹雄，中谷多哉子編著『オブジェクト指向に強くなる―ソフトウェア開発の必須技術』（技術評論社，2003）

12.4 まとめ

　この章では，Javaのプログラムを使いながらオブジェクト指向の考え方を紹介した。オブジェクト指向には様々な起源があるといわれているが，ここではソフトウェア工学という視点から，開発における必要性という起源に着目してオブジェクト指向を紹介した。もちろん，オブジェクト指向プログラミング言語を用れば，必ず開発の生産性が高まり，品質も高まるということはない。オブジェクト指向が実現した継承や情報隠蔽の概念を理解し，この機構を正しく使う必要がある。

演習問題

1. プログラム (12.3) は，長さオブジェクト aNagasaX と aNagasaY の和を求めるために aNagasaZ を用いた。このプログラムと下記のように，aNagasaZ を用いない場合とでは，どのような違いがあるかを説明せよ。

```
1   Nagasa aNagasaX;
2   Nagasa aNagasaY;
3   aNagasaX = new Nagasa(20.0, "cm");
4   aNagasaY = new Nagasa(1.5, "km");
5   aNagasaX.add(aNagasaY);
6   System.out.println(aNagasaX.getM());
```

13 ソフトウェア工学の考え方

中谷多哉子

《目標＆ポイント》 ソフトウェアの作り方は，ソフトウェア工学という領域で研究が進められている。この章では，ソフトウェア工学の概要を紹介し，ソフトウェアの開発で，どのようなことが検討されているのかを学習する。
《キーワード》 ソフトウェア工学，プロジェクト，ソフトウェア開発

13.1 はじめに

ここまで本書では，プログラミングで使う技術や知識を紹介してきた。この章では，高品質のソフトウェアを効率的に作るためのプロセスと技術について学ぶ。ソフトウェアを効率的に開発するためには，その開発に工学的な方法を適用する必要がある。「工学的な方法を適用する」とは，現実的な問題に対して科学的な知識を適用し，費用効果の高い解を生成するという意味である[1]。ソフトウェア工学は，ソフトウェアの開発，運用と保守・発展という現実的な問題に対して，系統的で統制された定量化可能な方法を適用することを目指す学問領域である[2]。本章では，ソフトウェアの開発プロセスの概要を紹介し，ソフトウェア作りの考え方を論ずる。

---

1) Shaw, M.: Prospects for an Engineering Discipline of Software, IEEE Software, Vol.07, No.6, pp.15–24 (1990).
2) IEEE std. 610-1990: IEEE Standard Computer Dictionary: A Compilation of IEEE Standard Computer Glossaries, 1990.

13.2 開発プロセス

　最初にソフトウェアの開発プロセスを概観する。現在開発されているソフトウェアは多様である。それぞれのソフトウェアに適した開発の手順や手法があり，ソフトウェアを作るプロセスも多様である。しかし，いずれにも次のような共通の枠組みともいえるプロセスがある。

- 要求分析→設計→実装→テスト

この共通の枠組みのプロセスはウォーターフォール型プロセスと呼ばれている。「ウォーターフォール」という言葉は，要求分析からテストに至るまで，水が上から下に流れ落ちるように作業が進むことを表している。しかし，実際のソフトウェア開発は，ウォーターフォールのように円滑に進むとは限らない。開発中には様々な問題が発生する。そのような問題が生ずる前に，問題の原因となる事象に対処することをリスク管理という。

　ソフトウェア開発のリスクには，以下のようなものがある。

- 開発する人員が不足する
- 非現実的なスケジュールや予算という制約がある
- 誤った利用者インタフェースや機能を開発する
- 次々と切れ目なく要求が変更される
- 接続しようとした外部の部品と，想定していたインタフェースとが整合しない

　これらのリスクが顕在化し問題が生じてしまったときには，ソフトウェアの開発が失敗する可能性が高まる。「開発が失敗する」とは，最終成果物となるソフトウェアの**品質** (Quality) が期待されたものよりも低くなったり，開発の**経費** (Cost) が予算を超過したり，**納期** (Delivery) が守れなくなったりすることを指す。品質が低いと，期待した時間以内に計算が

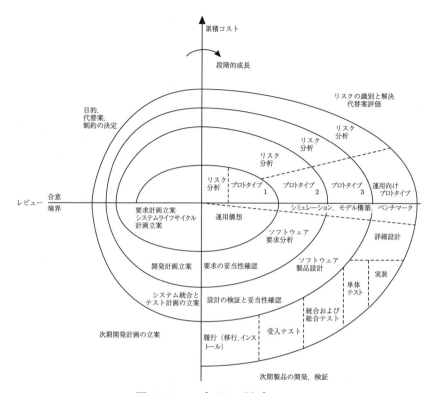

図 13.1　スパイラル型プロセス

Copyright (c) 1988 IEEE. Reprinted, with permission from IEEE through Japan UNI Agency., Inc. Tokyo

終わらなかったり，不具合によって利用者の業務に支障をきたしたりするかもしれない．そこで，開発のリスクをできるだけ早い段階で発見し対処するプロセスが提案された．これはスパイラル型プロセスと呼ばれている．

スパイラル型プロセス[3]のイメージを図 13.1 に示す．

---

3) B. W. Boehm, "A spiral model of software development and enhancement," in Computer vol. 21, no. 5, IEEE, pp. 61–72, May 1988.

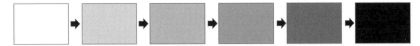

イテラティブ型プロセスによる製品が開発されていくイメージ。
全体の機能，品質が徐々に高められていく。

インクリメンタル型プロセスによる製品が開発されていくイメージ。
開発が進むに連れて機能が拡充されていく。

図 13.2　繰り返し型の開発による成果物が完成されていく過程のイメージ

　スパイラル型プロセスには，ウォーターフォール型プロセスを構成する各工程でリスクを発見し，それを低減するための作業が組み込まれている。しかし，スパイラル型プロセスは，ソフトウェア開発の早期にすべての要求を獲得することが前提となっている点で，「すべての要求を開発の初期に獲得することが困難である」というリスクに対処することは難しい。

　この問題に対処するため，1990 年以降のソフトウェア開発では，段階的に要求を獲得しながら開発を進めることが多くなった。段階的な開発は繰り返し型開発と呼ばれている。繰り返し型開発にはイテラティブ（iterative，反復）型プロセスとインクリメンタル（incremental，漸増）型プロセスがある。このような繰り返し型の開発は，ウォーターフォール型プロセスに続く「運用と保守・発展」で，ウォーターフォール型プロセスが繰り返される構造となっている。

　図 13.2 に，イテラティブ型プロセスとインクリメンタル型プロセスの違いを，成果物が完成されていく過程を用いて表した。イテラティブ型プロセスでは段階的に全体の機能や品質が向上されていく。これに対し

てインクリメンタル型プロセスでは，基本の枠組みを最初に開発し，この枠組みに機能を付加していきながら全体像が構成されていく。実際の開発では，両者を組み合わせることもある。

ソフトウェアが求められた品質を満足したか否かを検証できるためには，品質に対する要求を定量的に定義する必要がある。例えば，「商品名を入力してからその商品の在庫量が出力されるまでに要する時間は3秒以内であること」というように定義する。

情報処理推進機構（IPA：Information-technology Promotion Agency, Japan）は，品質や制約に関する要求を定義することが難しいという状況を改善するために，非機能要求グレード[4]を開発して公開している。非機能要求とは，品質や制約に関する要求のことである。非機能要求グレードでは，システムの不具合が社会に与える影響の大きさによって，システムに要求すべき品質と制約が，それを定義する定量尺度と共に示されている。例えば，社会的な影響が極めて大きいシステムの場合は，年間数分しかシステムの停止を許容すべきでないとされている。

13.3 開発支援環境

ソフトウェアの開発作業は，その多くが手作業で行われている。そのため，人の誤りを発見したり煩雑な作業を自動化したりするために，コンピュータによって人の作業を支援するための研究が進められてきた。開発作業を支援するためのツールをCASE（Computer Aided Software Engineering）ツールという。CASEツールは，1990年前後に一般の開発プロジェクトでも使われるようになった。当初は，1つの工程の作業を支援するものが主流であったが，まもなく複数のツールを統合した統合

---

[4] 情報処理推進機構，非機能要求グレード，2010. (https://www.ipa.go.jp/sec/softwareengineering/reports/20100416.html　2017年11月21日現在)

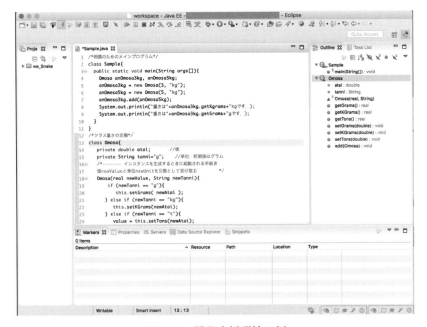

図 13.3　開発支援環境の例

開発環境と呼ばれるものが提供されるようになり，現在に至っている。

　Eclipse は，様々なツールを統合するための基盤を提供している開発環境である。ソースコードの管理，版管理，コンパイル，テストなど，Eclipse に組み込むための様々なツールが開発されて使われている。Eclipse の使用例を図 13.3 に示す。この図は，プログラミングをしている様子を切り取ったものである。コーディング中に変数名のスペルミスや未定義の関数の参照などを発見して，警告してくれる。

　プログラムのソースコードをツールが自動的に生成することは，ソフトウェア工学の重要な研究テーマの 1 つである。このような研究には，様々なアプローチがある。例えば，ソフトウェア部品の再利用によるも

のや，UML（Unified Modeling Language）で記述されたモデルからソースコードを生成するモデル駆動型アプローチなどがある。

次の項以降では，開発の各作業の内容を詳細に紹介する。

13.4 要求分析

要求分析の工程では，何を作るかを要求仕様書に定義する[5]。そのために，以下の作業を行う。

- 現状の課題を分析する。
- 課題の解決策を検討する。
- 将来の目標を達成するために必要な機能の要求と品質，制約を検討する。
- 解決策の候補となる要求の費用対効果を分析する。
- 要求間の競合を解消するための意思決定を行う。
- 要求仕様書に要求を記述する。
- 要求仕様書を関係者でレビューし，要求仕様書どおりにソフトウェアが開発されれば，目標が達成されることを確認する。
- 要求仕様書の内容に関係者が合意する。

要求仕様書には，要求者が求める要求を非曖昧に，無矛盾に，完全に書かなければならない。さらに，次の工程である設計仕様書との対応関係がわかるように，各要求に識別子を付与するなどして，追跡可能性も高めなければならない。IOS/IEC/IEEE 29148[6]に定義されている要求の記述が満たすべき品質を表 13.1 に示した。その他にも，要求仕様書は，完全性，一貫性，入手可能性，境界明確性などの品質を満たさなければならない。

---

[5] 情報サービス産業協会 REBOK 企画 WG『要求工学知識体系［第 1 版］』（近代科学社，2011）

[6] これは JIS 規格　JIS X 0166:2014 に対応している。

表13.1 要求の記述が満たすべき品質 (IOS/IEC/IEEE 29148: 2011)

品質	内容
非曖昧性	要求は，ただ1通りの解釈ができるように書かれなければならない。要求は簡潔に理解しやすく書かれること。
一貫性	要求は他の要求と互いに矛盾していないこと。
完全性	記述された要求は，さらに付加的な説明が必要ないこと。
単独であること	1つの要求文は，ただ1つの要求を含むこと。
実現可能性	要求は技術的に達成可能で，大きな技術的な進歩を必要とせず，かつ，コスト，スケジュール，技術，法律，規制といったシステム制約内で許容可能なリスクに収まっていること。
追跡可能性	要求はステークホルダの要望を記述した特定の文書，より高いレベルの要求，その他の源泉（商況調査や設計の検討）への上方追跡可能性を満たすこと。また，より低いレベルの詳細な要求仕様や，設計仕様書などの他のシステムの定義書の中に示された事項と，要求との対応を取れるように下方追跡可能性を満たすこと。
検証可能性	最終的に，システムが，仕様化された当該要求を満足するか否かを検証できる要求であること。

13.5 設計

設計では，要求仕様書に記述された要求をどのように実現するかを決定する。この工程の最終成果物は設計仕様書である。「どのように実現するか」と一言でいっても，開発するソフトウェアの規模が大きくなると様々な作業が必要となる。設計作業は，大きく外部設計と内部設計に分けることができる。外部設計とは，利用者や隣接するソフトウェアに対して，開発するソフトウェアがどのように振る舞うかを決める作業であり，要求仕様を詳細化し，具体化することが主な目的となる。例えば，具体的な GUI (Graphical User Interface) を定義したり，ボタンごとに機

能を割り当てたりする作業が含まれる．内部設計とは，外部設計を満足するために，ソフトウェアの内部構造をどのように作るかを決める．例えば，シナリオに基づいて，ソフトウェアが動作するためのアルゴリズムを定義する．データ構造とアルゴリズムを検討するのも内部設計で行う作業である．データ構造とアルゴリズムは相互に依存している．例えば，効率的なアルゴリズムを設計するときには，同時に，そのアルゴリズムを効果的に機能させるためのデータ構造も設計する必要がある．深さ優先探索アルゴリズムの場合，そのアルゴリズムが操作するデータの構造は木構造となっており，かつ，データは順序づけられている必要がある．

　設計作業が適切に行われたかは，設計のレビューによって検証する．レビューでは，設計仕様書どおりにソフトウェアが開発されたとき，要求仕様書を満足することを確認する．

　設計仕様書は，開発者と発注者が集まって行う公式レビューと，開発者が集まって行う非公式レビューとがある．いずれでも，設計が正しく行われていることが確認される．このように，開発するソフトウェアの品質を高めるために，レビューは重要である．特に非公式レビューでは，設計の代替案の検討などを行い，選択された設計案の利点と欠点を議論して設計の意思決定がなされる．このような議論を行うので，レビューには開発者の技術力を高める教育効果もある．

13.6 実装

　実装では，プログラミングと単体テストを行い，プログラムが設計仕様書どおりに動作することを検証する．プログラムを作る人や気分によってプログラムの書き方が異なるとプログラムの可読性が低下する．この

問題を解消するために，プログラムのコーディングの仕方に規約が定められている。これはコーディング規約 (Cording Conventions) といったり，プログラミング作法といったりする。コーディング規約はプログラミング言語ごとに定められることが多いが，言語に依存しない事柄もある。ソフトウェアの開発企業や開発チームで定めているものもある。参考として，Oracle が推奨する Java の一般的なコーディング規約[7]の一部を以下に示す。

- クラス変数を書く順番
    public 変数，protected 変数，private 変数の順。
- クラス名
    名詞とする。最初の文字と単語の切れ目を大文字にする。名前はシンプルで内容を説明できるものにする。UPL や HTML のように一般的に使われている単語でない限り，略語や頭文字をつなげた名詞は避ける。
- メソッド名
    メソッド名は動詞とする。小文字で始まり，続く単語の切れ目を大文字にする。
- 定数
    定数はすべて大文字にし，単語の切れ目は "_" でつなげる。

コーディング規約と共に，開発チームでは，変数やクラス名などの命名規則を定めてプログラムの可読性を低下させないように工夫している。

人手によって作られたプログラムの構造が適切か否かを確認するためにも，開発者が集まってレビューを行う。プログラムのレビューも，良いプログラムの作り方を教育したり，改善したりするためには重要である。

---

[7] http://www.oracle.com/technetwork/java/codeconventions-150003.pdf (2017 年 11/21 現在)

実装の後に行われるテストについては，次の節で述べる．

13.7 テスト

ソフトウェアの品質を高めるためには，プログラムの不具合を減らすためのテストは不可欠である．テストでは，成果物が仕様どおりに作られているかを検証し，システムが要求者の期待どおりに動作するかを確認する．テストには以下の種類がある．

- 単体テスト

    実装された関数や手続きなどの単位のソフトウェア部品に着目し，それらが部品の設計どおりに開発されていることを検証する．単体テストはプログラミングの早い段階で行うことが推奨されている．プログラミングの早い段階で単体テストを行えるようにするために，要求仕様書が完成した段階で，プログラムをテストするためのテスト方法とテストデータを作っておく．このような開発の進め方はテスト駆動型開発と呼ばれている．

    ソフトウェア部品は，逐次，条件分岐，繰り返しといった構造から構成されている．できるだけ多くの不具合を検出するために，すべての処理の経路をテストする網羅（カバレッジ，coverage）テストが行われる．

    プログラムの中には，他のプログラムを利用しているものもある．このようなプログラムをテストするときに，利用する他のプログラムができあがっていない場合は，「スタブ（stub）」と呼ばれる簡易な代替プログラムを使ってテストする．

- 結合テスト

    単体テスト済の部品を結合させながら進めるテストである．入

	システムテスト				
結合テスト		結合テスト		結合テスト	
単体テスト	単体テスト	単体テスト	単体テスト	単体テスト	単体テスト

図 13.4　様々なテスト

力データと出力データの組みが，設計したとおりに得られるかをテストする。ここでは，部品の呼び出しが上手く機能するかをテストすると共に，部品呼び出しの網羅テストも行われる。

● システムテスト

　要求仕様書で定義された機能と品質，制約がシステムに正しく実装されていることを検証する。また，ハードウェア，データベース，人，組織などによって構成されるシステム全体が，求められているとおりに実現されているか，要求された制約が守られているかを検証する。例えば，処理時間の制約，メモリの消費量の制約，利用権限などの制約を検証する。

　これらのテストには，ソースコードの内容に依存して行われるホワイトボックステストとソースコードに依存しないブラックボックステストがある。

　テストの関係を図 13.4 に示した。テストでは，テストを完了させる時期を見極めるためにソフトウェア信頼性モデルが使われている。このモデルは統計的なモデルであり，テストの過程で「信頼度 95% で残存バグ数は 50 件である」といった推定を行うことができる。

　以上のテストは仕様書どおりに成果物が作られていることを検証するための作業である。システムテストが完了した成果物は，発注者に渡され，

発注者が成果物を受け容れられるか否かのテストを行う。これを受入テストという。単体テストからシステムテストまでの検証（verification）と要求仕様書のレビューや受入テストなどで行われる妥当性確認（validation）とを合わせて V&V という。

13.8 運用と保守・発展

　ソフトウェアが完成したら実世界に導入して運用を開始する。しかし時間がたつと，いろいろな課題が明らかになってくる。使い勝手に問題が発見される場合もあるし，より性能を向上させなければならないことに気づくこともある。これらの課題に対処することを保守・発展というが，ソフトウェアの保守は，ハードウェアの保守のように，当初の機能を提供し続けられるように部品を交換したり，整備したりするものではない。そもそもソフトウェアは経年劣化しない。そのかわり，ソフトウェアを運用して使い続けるために機能を追加したり品質を高めたりする。そのためこれらの作業を保守・発展というようになった。

　ソフトウェアの保守作業の中には，単なる不具合の解消といったハードウェアの保守（maintenance）に近い意味を持つものと，ソフトウェアをより成長させるという意味を持つ発展（evolution）がある。実際の「保守作業」では，不具合の解消と発展を区別することは困難である。なぜならば，ソフトウェアを改変することで不具合が組み込まれてしまうこともあり，発展させたときには，ほとんどの場合，修正の作業が含まれるからである。ソフトウェア工学では，保守作業を以下の4つに分類している。

- 修正保守
  ソフトウェアの不具合を修正すること

- 適応保守

  外部環境の変化に合わせるために機能を追加したり変更したりすること
- 改良保守

  利用者の要求に合わせるために機能を追加したり変更したりすること
- 予防保守

  将来にわたってそのソフトウェアを利用していくために改良すること

これらの保守を行ったときは，変更した部分が期待通りに機能し，品質が満足できていることをテストする。また，先にも述べたように保守によってソフトウェアを改変したために，それまで正常に動作していた関数や手続きに不具合が生じてしまうことがある。このような不具合を発見するために，回帰テストを行う。回帰テストでは，過去にテストした内容を再度テストし，保守によって予期せぬ新たな不具合が生じていないことを確認する。

13.9 まとめ

この章では，ソフトウェア工学の考え方を，その作業に基づいて解説した。ソフトウェア開発の多くの作業が人手によって行われている。そのため，開発を工程に分け，各工程が正しく行われていることをレビューやテストによって確認し，成果物に内在する誤りを発見して修正する作業を繰り返している。これらの作業の中で，技術者の教育や，知識と技術の共有が行われている。私たちの身近にあるソフトウェアは，例外なく，この章で解説したプロセスを経て開発されている。これらの作業の

中には，知的な作業と繁雑な単純作業が混在している。開発環境やツールは，人の単純作業を自動化したり，知的作業を支援することで，ソフトウェアの生産性向上に貢献している。

演習問題

1. 設計やプログラムのレビューには，開発者の教育効果も期待されている。その理由を考察せよ。
2. 4つの保守の中で，発展の意味を持っているものはどれか。また，そのように考える理由は何か。

14 | ユーザインタフェース理論

白銀純子

《目標＆ポイント》 ユーザインタフェースの考え方について，利用しやすいものを開発するための概念やプロセスについて述べる．その後，ユーザインタフェースを実現するためのオブジェクト指向プログラミングについて触れ，開発ツールを用いた支援について紹介する．
《キーワード》 人間中心設計，ユーザエクスペリエンス，オブジェクト指向プログラミング，開発ツール

　コンピュータを専門家だけが利用する時代から専門家でない多様なユーザが利用する時代になり，また，機器やソフトウェアの高機能化・複雑化をしていった．それに伴い，コンピュータの使いやすさ（ユーザビリティ）の重要性が広く認識されていった．つまり，必要な機能がシステムに備わっていても，使い方がわからなければ使うことはできないのである．さらに，システムが使いやすくても，ユーザが何らかの不満を感じるようなシステムは望ましくない．そこで，ユーザビリティよりも広い概念である，ユーザエクスペリエンスが注目されている．
　そこで本章では，ユーザビリティやユーザエクスペリエンスを考慮したシステムを開発するための人間中心設計の概要や，ユーザビリティやユーザエクスペリエンスの概念，またユーザインタフェースがこれらに深く関わるため，ユーザインタフェースの実装についても説明する．

14.1 ユーザインタフェースの利用品質

　ユーザインタフェースは，ユーザが直接やり取りする部分であるため，ユーザが感じる使いやすさや得られる充足感，不満などに大きく影響する。これらを本章では「利用品質」と呼ぶ。利用品質はユーザの感じ方によって千差万別であるため，システムの対象ユーザの分析が不可欠である。人間の認知特性や心理，情報処理の仕組みを理解し，システムに対するユーザと設計者のイメージとの違いの分析などが行われる。

　利用品質については，従来，使いやすさを意味する「ユーザビリティ」が重視され，その定義やユーザビリティの向上のための様々な手法が提案されてきた。現在では，ユーザが感じる印象を表す「ユーザエクスペリエンス (User Experience, UX)」が注目されている。これはユーザビリティよりも広い概念で，システムの利用によりユーザが得られる体験を意味する。ここでは，国際規格に基づいて，ユーザビリティや UX に関する定義について説明する。人間の認知特性や心理についての詳細や，ユーザビリティや UX の他の定義については，「コンピュータと人間の接点 ('18)」の講義を受講してほしい。

14.1.1 ISO 9241-11:1998 (JIS Z 8521:1999) による定義

　この規格は，視覚表示装置を用いた作業に対する利用品質を定義した国際規格である。ユーザビリティの定義として広く用いられている。この規格によると，ユーザビリティは「有効さ」，「効率」，「満足度」の3つの要素から成る [1]。

有効さ　ユーザが目標を達成する際の正確さと完全さ

効率　ユーザが正確に完全に目標を達成するために費やした資源 (精神的・身体的力や時間，資材，コストなど)

満足度 システムを利用する際の不快感のなさや肯定的な態度

14.1.2 ISO/IEC 25010:2011 (SQuaRE) による定義

「SQuaRE」とは，「Systems and software Quality Requirements and Evaluation」の略で，ISO/IEC 25010:2011 を含む国際規格のシリーズである。ISO/IEC 25010:2011 は，ソフトウェアに対して求められる品質として，「利用時の品質」と「製品品質」をそれぞれ品質モデルとして規定している [2]。個々の品質モデルの要素を「品質特性」と呼び，各品質特性をさらに詳細化したものを「副特性」と呼ぶ。

「利用時の品質モデル」は，ユーザが特定の利用状況において，目標を達成する際の品質モデルである。「有効性」と「効率性」については，ISO 9241-11:1998 をソースとしている。ISO 9241-11:1998 はユーザビリティの規格であるが，この利用時の品質モデルは，UX にも触れている。

有効性 ユーザが目標を達成する際の正確さと完全さの度合い

効率性 ユーザが正確に完全に目標を達成するために費やした資源の度合い

満足性 目標の達成や，意図通りの動作，ニーズが満たされることによる喜び，利用時の快適さの観点でユーザが満足する度合い

リスク回避性 経済的観点や健康・安全の観点，環境的観点でリスクを軽減する度合い

利用状況網羅性 想定された/されていなかった様々な状況において，上記 4 つの品質特性を満たしてソフトウェアを利用できる度合い

「製品品質モデル」は，「機能適合性」や「性能効率性」など，ソフトウェアが満たすべき 8 つの品質特性を定めたモデルである。その中で，利用品質は「使用性」という品質特性に相当する。この「使用性」の品質特性の中で，6 つの副特性が定められている。

適切度認識性 ソフトウェアがニーズを満たしているかどうか，ユーザが確認できる度合い

習得性 利用方法の学習がしやすい度合い

運用操作性 運用や制御をしやすくする仕組みを持っている度合い

ユーザエラー防止性 ユーザエラーを防止する度合い

ユーザインタフェース快美性 ユーザが，ユーザインタフェースを楽しく満足して操作できる度合い

アクセシビリティ 障害の有無や年齢層など，様々な特徴や能力を持ったユーザが利用できる度合い

14.1.3 ISO 9241-210 による定義

ISO 9241-210 は，人間中心設計 (Human Centered Design, HCD) の概念について定めた国際規格である。HCD とは，ユーザに着目し，ユーザにとってより良いシステムを開発するためのアプローチである。

この中で，UX は「製品やシステム，サービスの利用，および/または予測された利用に起因する，人の知覚や反応」としている。

14.2 人間中心設計

ISO 9241-210 [3] では，HCD におけるプロセスが規定されている (図 14.1)。各作業段階で行うことは下記の通りである。

14.2.1 利用状況の理解と特定

利用状況とは，「製品が利用される際の，ユーザや作業，設備 (ハードウェアやソフトウェア，資源)，物理的/社会的環境」[3] である。この後の各段階で十分な作業ができるよう，システムのステークホルダ (システムに関わる関係者，ユーザを含む) やユーザの特性 (知識やスキル，経験な

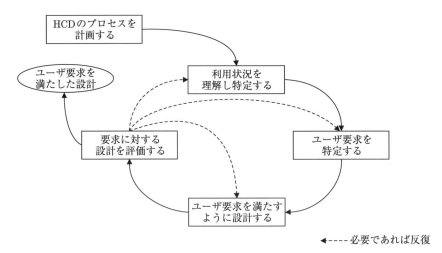

図 14.1　HCD のプロセス (ISO 9241-210[3] に基づき作成)

ど), 目的, 様々な外部要因などを分析する。アンケートやインタビューなどがよく用いられる [4]。

14.2.2　ユーザ要求の特定

　利用状況やビジネスの目標の観点から, ユーザのシステムに対する要求を特定する。具体的には,「利用状況の理解と特定」の段階で分析された情報や, 既存の研究などで得られている知見, 標準やガイドラインなどから, ユーザ要求や制約を抽出する。このために, ペルソナやシナリオ法がよく用いられる [4]。ペルソナとは, システムの対象ユーザを具体的に想定した架空の人間であり, 対象ユーザを代表するようなユーザ特性を持った人間として想定する。シナリオとは, ユーザが目的を達成するために行う行動やユーザの状況を物語風に記述するものである。多くの場合, ペルソナをもとにして記述される。

14.2.3 ユーザ要求を満たす設計

ユーザ要求を満たし，ユーザエクスペリエンスを考慮して，ユーザとシステムとのやり取りや，ユーザインタフェースを設計する。具体的には，「ユーザ要求の特定」の段階で作成したシナリオを利用したり，シミュレーションやプロトタイプ (試作物) などにより詳細に設計する。ブレインストーミングや KJ 法などの発想法や，プロトタイピングなどがよく用いられる [4]。ブレインストーミングとは，テーマから連想されるアイディアを会議参加者が出し合う方法で，KJ 法とは，ブレインストーミングなどで得られたアイディアをカードに書き，カードをグループ化していくことで，アイディアを体系的にまとめていく方法である。プロトタイピングとは，プロトタイプ (紙に図示したものからプログラムまで様々) を作成してそれを評価し，評価結果をフィードバックする方法である。

14.2.4 設計の評価

設計した内容について評価する。具体的には，ユーザビリティの観点を評価したり，インスペクションの手法を用いるなどである [4]。インスペクションとは，専門家が，システムやドキュメント類などの成果物をもとに行う評価である。

14.3 UI の実装

GUI を利用する際，ウィンドウ上にはボタンや入力フィールド，ラベルなど，マウスとキーボードで操作したり，情報を表示するための部品 (ウィジェットや GUI コンポーネントなどとも呼ぶ) が表示される。GUI の部品は，オブジェクト指向プログラミングとの相性が良い。

14.3.1 GUI の部品の継承関係

例えば，GUI を作成するためのツールキットの 1 つとして，プログラミング言語 Java に Swing パッケージが用意されている。この Swing パッケージでは，図 14.2 のように，GUI の部品が，クラス同士の継承として定義されている。

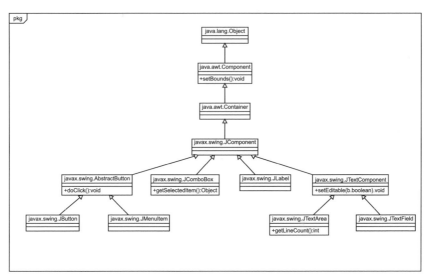

図 14.2　Swing パッケージでの継承構造 (一部抜粋)

図 14.2 の中で，「javax.swing.JButton」，「javax.swing.JMenuItem」，「javax.swing.JComboBox」，「javax.swing.JLabel」，「javax.swing.JTextArea」，「javax.swing.JTextField」が，実際に GUI で利用される部品である。なお，便宜上，以降は「javax.swing.」を省略し，単に「JButton」や「JMenuItem」などと記す。各部品の用途は以下のとおりである。また，これらの部品を利用して作成したウィンドウの例を図 14.3 および図 14.4 に示す。

JButton OKやキャンセルなど，クリックすることで何らかの処理の引き金にするための部品

JMenuItem 「ファイル」→「開く」などのメニュー選択の際の項目を表す部品

JComboBox 都道府県の選択など，プルダウンメニュー形式の選択肢を提供するための部品

JLabel 文字列を表示するための部品

JTextArea 複数行の文字列の入力に使われる部品

JTextField 1行の文字列の入力に使われる部品

例えば，java.awt.Componentクラスで「setBounds」というメソッド

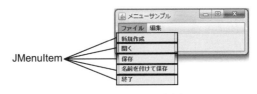

図 14.3 ウィンドウ例 (1)

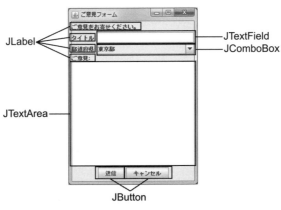

図 14.4 ウィンドウ例 (2)

が定義されている．このメソッドは，GUI の部品を，ウィンドウ内で配置する際の座標や縦横の大きさを設定するために使われる．図 14.2 より，JButton や JComboBox などの GUI の部品のクラスはすべて，java.awt.Component クラスを継承している．つまり，setBounds メソッドを持っている．ウィンドウ内での座標や縦横の大きさの設定は，GUI の部品の種類に関わらず，すべての部品で設定できるべきものである．したがって，個々のクラスで定義するのではなく，すべての部品のクラスの上位にある java.awt.Component クラスで定義している．

一方，AbstractButton クラスで「doClick」というメソッド，JTextComponent クラスで「setEditable」というメソッドが定義されている．「doClick」メソッドは，部品上でマウスクリックを実行するというメソッドである．「setEditable」メソッドは，部品内の文字列の編集を許すか否かを設定するためのメソッドである．

JButton や JMenuItem は，ユーザがマウスでクリックするための部品であるが，他の部品は，多くの場合，クリックによって何らかの処理が行われるということはあまりない．したがって，doClick メソッドは JButton や JMenuItem には必要だが，他の部品にはなくて良い．そのため，doClick メソッドは JButton と JMenuItem の親クラスである AbstractButton で定義されている．

setEditable メソッドは，部品で入力された文字列に対する設定であるため，文字列を入力するための部品である，JTextArea と JTextField には必要である．しかし，他の部品では文字列の入力をしないため，不要である．したがって，JTextArea と JTextField の親クラスである JTextComponent で定義されている．

また，JComboBox で「getSelectedItem」，JTextArea で「getLineCount」というメソッドが定義されている．「getSelectedItem」は，選択肢の中から

どれを選択しているかを取得するためのメソッドである。getLineCount は，部品内に入力された文字列の行数を取得するためのメソッドである。

JComboBox は複数の選択肢の中から1つを選択するために使われる。したがって，どれを選択しているかを取得するメソッドが必要である。しかし，他の部品は，選択のための部品ではないため，このメソッドは不要である。

JTextArea は複数行の文字列の入力が可能な部品である。したがって，現在何行入力されているかを調べるメソッドは必要である。しかし，JTextField 以外の部品では文字列の入力をしないため，このメソッドは不要である。また，JTextField は1行分の入力しかできない部品であるため，やはりこのメソッドは不要である。

このように，GUI の部品は，部品同士で共通で必要なメソッドもあり，個々の部品のみで必要なメソッドもある。そのため，オブジェクト指向の継承関係を利用し，共通で必要なメソッドは上位のクラスで，個々の部品のみで必要なメソッドは個々の部品で定義をしている。

14.3.2 GUI の部品の利用

部品のクラスを利用してウィンドウを作成するときは，部品クラスのインスタンスを作成する。例えば，図14.3 では，1つのウィンドウ内に JMenuItem が複数配置されている。図14.4 では，1つのウィンドウ内に JLabel と JButton が複数配置されている。これらは，JMenuItem や JLabel，JButton クラスのインスタンスを作成することで実現している。インスタンスには，図14.3 の JMenuItem であれば，「新規作成」や「開く」，図14.4 の JButton であれば「送信」や「キャンセル」など，インスタンスごとに異なる値を設定することで，別個の部品として実現している。

14.4 GUI開発ツール

　GUIの開発は，ウィンドウ内への部品の作成や配置，設定などをプログラムとして記述していくこともできるが，お絵描きツールのように，視覚的に部品を配置してウィンドウを作成するためのツールも数多く提供されている。プログラム作成では，アプリケーション開発に必要なツール類を1つにまとめたパッケージとして提供している統合開発環境がよく使われるが，その統合開発環境にGUI開発ツールも組み込まれていることが多い。

　図14.5は，AndroidStudioでAndroidアプリケーションでの画面を開発する際の例である。AndroidStudioは，Androidアプリケーションを

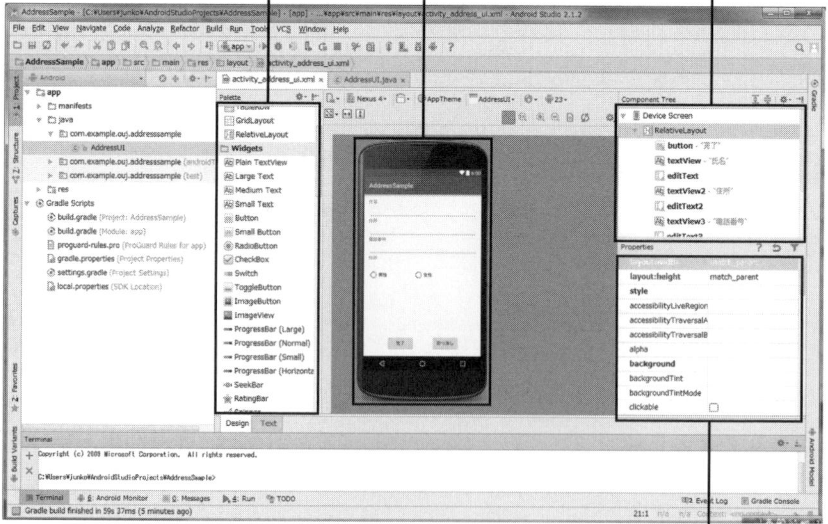

(a)配置可能な部品一覧　(b)部品を配置して作成した画面　(c)画面上の部品配置の構造

(d)選択した部品の詳細設定

図14.5　AndroidStudioでの画面開発の例

開発するための統合開発環境である。

　開発の開始時は，(b) の欄には部品が配置されていないため，(a) の欄から部品をマウスで選択し，(b) の欄に配置する。(b) の欄に部品を配置していくと，(c) の欄に，画面上での部品同士の関係の構造が示される。また，(b) の欄で配置した部品を選択すると，(d) の欄にその部品の詳細な設定内容が表示される。(d) の欄で，部品のラベル名や色などの詳細を設定できる。ボタンをクリックしたときに行われる処理などの処理部分は，プログラムを記述する。図 14.6 は，図 14.5 により開発した画面である。

図 14.6　AndroidStudio で開発した画面例

参考文献

[1] ISO 9241-11:1998, Ergonomics - Office work with visual display terminals (VDTs) - Guidance on usability, 1998 (JIS Z 8521:1999, 人間工学 - 視覚表示装置を用いるオフィス作業 - 使用性についての手引き, 1999).

[2] ISO/IEC 25010:2011, Systems and software engineering - Systems and software Quality Requirements and Evaluation (SQuaRE) - System and software quality models, 2011 (JIS X 25010:2013, システム及びソフトウェア製品の品質要求及び評価 (SQuaRE) - システム及びソフトウェア品質モデル, 2013).

[3] ISO 9241-210:2010, Ergonomics of human-system interaction - Part 210: Human-centered design for interactive systems, 2010.

[4] 山崎和彦, 松原幸行, 竹内公啓 (著), 黒須正明, 八木大彦 (編集)『HCDライブラリー第0巻 人間中心設計入門』(近代科学社, 2016).

15 | 社会で利用されているソフトウェア

中谷多哉子

《目標&ポイント》 身近なシステムを紹介し，コンピュータとソフトウェアがどのように協調して動作しているのかを，この授業で触れた技術や知識を用いて解説する。
《キーワード》 学籍管理システム，自動運転支援システム，クラウド，人工知能

15.1 はじめに

　ここまでは，コンピュータを動かし，また，ソフトウェアを使うための様々な技術や仕組みを解説してきた。この章では，コンピュータの実用化に向けた技術と，実現されているソフトウェアを紹介する。本書で得た知識を使えば，社会で使われているソフトウェアの仕組みや構成を理解できることを確認してもらいたい。

15.2 主記憶装置の拡張

　主記憶装置の容量が大きくなれば，そこに記憶できるプログラムの規模が大きくなり，格納できるデータの種類が多くなる。1章でも紹介したように，記憶容量が大きい装置は安価ではあるが，アクセス時間は長くなる。
　効率的に計算をするためには，いくつかの方法がある。コンパイル時にプログラムの最適化を行うことも1つの方法である。もちろん，より効率的なアルゴリズムに変更するのも一案である。ここでは，主記憶装

置に格納されているデータのうち，頻繁にアクセスするデータをキャッシュメモリ（以降，キャッシュという）に移動する方法を紹介する。

　キャッシュは主記憶装置よりも高速な記憶装置であり，CPU が頻繁にアクセスするデータをここに一時的に格納しておく。これによってデータへのアクセス時間を短くすることができるようになる。CPU は，データを参照するとき，まずキャッシュにそのデータがあるかどうかを検査し，なければ主記憶装置のデータを読みにいき，次に参照するとき効率的にデータを参照できるように，そのデータをキャッシュに移動する。このように書くと簡単なようだが，実際に CPU にこの処理をさせるには，2 つの問題を解決しなければならない[1]。

　1）データがキャッシュ内にあるとしたとき，どのようにして見つけるのか
　2）データがキャッシュにあるか否かをどのように判定するのか

　最初の問題を解決するために，メモリに格納されていたデータのアドレス値に基づいてキャッシュの入れ場所を計算する方法がある。これをダイレクトマップ方式という。ダイレクトマップ方式では，アドレス値の一部のデータだけを使用してキャッシュの入れ場所を求める。この方式であれば，アドレス値に対応するキャッシュの入れ場所が一意に決まるという条件を満たすことができる。図 15.1 にダイレクトマップ方式の例を示した。しかし，この図に示したように，キャッシュよりもメモリのアドレス空間の方が大きいので，計算して求めたキャッシュの入れ場所に複数のメモリ上のアドレス値が対応してしまう。そこで，キャッシュの入れ場所にタグを付けて，これにキャッシュの入れ場所に使われなかったアドレス値のデータを用いる。通常，キャッシュのサイズは 2 のべき

---

[1] David A. Patterson and John L. Hennessy『コンピュータの構成と設計 [第 5 版]（下）』（日経 BP, 2014）

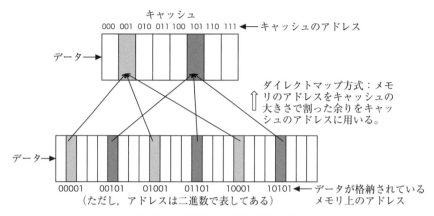

図 15.1　仮想メモリの使われ方

乗であるため，キャッシュの入れ場所はメモリアドレスの下位ビットを用い，キャッシュのタグには上位ビットを使う。これで，求めるデータのアドレスに基づいてキャッシュ内の入れ場所とタグの値を求め，キャッシュ内の入れ場所に格納されているデータのタグ値を比較すれば，キャッシュに格納されているデータが求めるデータか否かを判定できる。

　第二の問題を解決するために，キャッシュ内のデータが有効なデータであることを表すために，有効ビットを付与する。コンピュータが起動した直後は，キャッシュにどのようなデータが入っているかわからない。そこで，キャッシュ内のデータが有効なものであるときに有効ビットをセットすることにする。このようにしておくと，求めるデータのメモリアドレス値からキャッシュ上の入れ場所を求めた後，該当する入れ場所の有効ビットがセットされているか否かを評価できるようになる。もし有効ビットがセットされていればタグの値を参照し，そのデータが求めるデータがキャッシュにあるものか否かを判定する。

　最近のシステムはデータ量も多くなり，1つのシステムが提供するサー

ビスも多種多様である。このような規模の大きいシステムをコンピュータ上で動作させるとき，主記憶装置には収まらない場合がある。主記憶装置にプログラムが入りきらない場合は，コンピュータに接続されている磁気ディスクなどの外部記憶装置上に主記憶装置の待避場として記憶領域を確保し，それをあたかも主記憶装置のように使用してデータやプログラムを格納している。このような記憶領域のことを仮想記憶という。

CPU がアクセスしようとしているデータが仮想記憶に格納されている場合は，このデータを仮想記憶から主記憶装置に移動させなければならない。このようにデータを仮想記憶から主記憶装置に移動することをスワップという。スワップは OS の仕事である。スワップには時間がかかるため，仮想記憶を使う状況ではプログラムの処理に時間がかかる。

15.3 応用システムの例：教務システム

教務システムは，学校などで使われているシステムである。学生の入学年度，所属学科，履修科目と成績などと共に，科目のシラバス，履修者，担当教員が登録されており，成績管理や卒業判定のために使われる。このシステムを実現するためには，学生のデータ，科目のデータ，教員のデータと共に，これらの間の関連を管理するデータベースが必要である。

放送大学で使われている WAKABA も，教務システムの一例である。WAKABA のようにインターネットを介して学生が自分の成績を確認したり，履修登録をしたりするためには，これらのサービスを提供する web サーバ（以降，単にサーバという）が必要である。サーバはサービスを提供するために上記のデータベースにアクセスする。これによって，サーバがデータベースにデータを追加したり，更新したり，参照したりすることができるようになる。

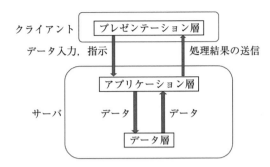

図 15.2　クライアント/サーバシステムの基本構造

　教務システムで使われているデータベースは，サーバが接続されたローカルネットワークに接続されていることが多い。以前は，サーバのコンピュータの内部のハードディスクにデータベースが格納されていた。しかし，これでは，例えばサーバがウィルスに感染したときにデータベースのデータを守ることが困難となる。データベースのデータを守るために，サーバとは異なるコンピュータに DBMS（データベース管理システム）とデータベースがインストールされているのである。最近は，これらのデータベースもクラウド上に置かれることがある。

　利用者へサービスを提供するためには利用者インタフェースも必要である。インターネットを介して利用者がサーバにアクセスするときには，インターネット閲覧用のブラウザが使われる。ブラウザは，サーバに対してサービスを利用するお客様，という意味でクライアントと呼ばれる。一般的な教務システムもクライアント/サーバシステムとして実装されている。

　図 15.2 にクライアント/サーバシステムの基本的な三層構造を示す。三層構造におけるプレゼンテーション層は，利用者のインタフェースに相当する部分であり，データを表示したり，利用者からの要求を受け付

けたりする役割を担っている．アプリケーション層は，様々なデータに関するルールや制約，そして計算規則をサービスとして利用者に提供する役割を担っている．具体的には様々なソフトウェア群から成る．このようなルールや規則をビジネスロジックという．アプリケーション層は，必要に応じてデータ層にアクセスしてデータの生成，参照，更新，削除を行う．データ層には，関係データベース管理システム（Relational Data Base Management System）を使うことが多い．

クライアントとサーバはネットワークで接続されている．そのため，ネットワークからサーバにアクセスするときは，サーバ側のコンピュータとネットワークとの間に設置されている防火壁を通り抜けなければならない．防火壁で多くの悪意を持った攻撃を回避することはできるかもしれないが，特に教務システムの場合，情報の漏洩は重大な社会問題となる．

WAKABAも外部からのDoS攻撃やホームページの改ざんなどが行われないように工夫されている．例えば特定のコンピュータから異常なアクセスがないかを監視するために，アクセスログ（Access Log）が残されている．また，webで公開しているホームページが万が一改ざんされたとしても，迅速に改ざんを検知する仕組みと，webサイトのコンテンツを管理する運用体制を整えている．

2017年2月6日に，丸川東京オリンピック・パラリンピック担当大臣（当時）のホームページが改ざんされたという事件が発生した[2]．1時間後には問題が解消されたと報道されているが，webサイトの管理者には，このような事件が発生しても迅速に対応することが求められているのである．盗聴を防止するためにはネットワークを介してやり取りされ

---

2) http://www.asahi.com/articles/ASK265DWBK26ULZU00R.html

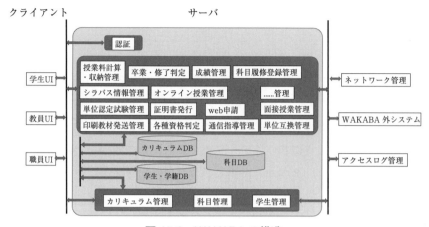

図 15.3　WAKABA の構造

るデータを暗号化することも有効である。もちろん，クライアント側のコンピュータの利用者は，ウィルス対策ソフトウェアを最新の状態に保ち，サーバ攻撃の踏み台とならないように注意する必要がある。

　図 15.3 に放送大学の教務システムである WAKABA の一部を示した。図中，縦の線は，ネットワークを表す。このネットワークは，インターネットのような広域エリアのネットワークであることもあるし，狭域エリアのネットワークであることもある。ここで，敢えてネットワークの種類を明記していないのは，これらのネットワークに接続されているデータベースやシステムは，クラウド上に配置されることもあるからである。

　また，ドラム型のアイコンはデータベースを表し，四角形は WAKABA を構成するシステムを表す。学生，教員，または職員が WAKABA にアクセスしたときには，認証システムが起動され，ユーザ ID とパスワードを求めて認証が行われる。認証に合格した場合のみ，各利用者向けのポータルサイトが表示される。これ以降，各利用者向けの利用者インタフェース（UI）が利用者からの入力を受け付ける。ポータルサイトは，クライ

アント／サーバシステムのうち，プレゼンテーション層のシステムということになる。

図 15.2 に示した基本構造と図 15.3 の WAKABA の構造とを対比させるならば，各利用者向けの UI がプレゼンテーション層に対応し，以下，各システムがアプリケーション層に，データベースがデータ層に対応する。

データベースの設計では，これらのシステムが求めるデータを提供できるように，多視点に基づくデータモデルの論理設計が行われ，正規化を経て物理的なデータベースが実装されている。

15.4 データベースからクラウドへ

教務システムのようなクライアント／サーバシステムのデータベースは，サーバとは異なるコンピュータ上に格納されていることはすでに述べた。データベースを格納しているコンピュータとサーバがネットワークで接続されているのであれば，これらのコンピュータは，ネットワーク上のどこにあっても構わないことになる。データベース上のデータを災害などから守るためには，むしろ，サーバとデータベースは別の場所にあった方がよいだろう。クラウドの場合，サービスを提供しているサーバ自体もネットワーク上に分散される。例えば，教務システムを構成するすべてのシステムが物理的には異なるコンピュータ上で稼働していてもよい。

ネットワーク上のコンピュータにデータベースを設置するのであれば，データベースが 1 つのコンピュータで動いている必要はない。また，災害時にも継続的にサービスを提供し続けるためには，データベースの内容を重複して保持する必要がある。これで，1 つのデータベースが故障したときには他のデータベースが代替できるようになる。この方がシステ

ムの信頼性は向上する．もちろん，これらのデータベースは定期的に同期をとり，内容が不一致となっている時間を短くする工夫も必要である．

15.5 データの活用：パターン認識

機械学習のうちパターン認識といわれる技術を紹介する．パターン認識は与えられたデータ群を学習し，データを2つのグループに分類する関数を導出する．次に新しいデータが与えられたとき，この関数を用いて，そのデータがどちらのグループに属するかを判別する．パターン認識は，文字や音声，画像の認識やメールのスパムフィルタなどに応用されている．

パターン認識手法のうち認識精度が高いといわれているSVM (Support Vector Machine) と呼ばれるアルゴリズムを紹介する[3]．そのために次のような例を使うことにする．

天才ショコラティエの悩み

天才的な味覚を持ったショコラティエが，チョコレート好きの恋人に自分が作ったチョコレートをプレゼントしようと考えた．そこで，いろいろなチョコレート屋さんのチョコレートを100個買ってきて試食してもらい，大好きか，そうでないかを聞いた．その結果，100個のチョコレートは，恋人が大好きなグループと，そうでもないグループとに分けられた．チョコレートは，カカオマスの苦みの量，渋みの量，焙煎の程度，粉乳の量，砂糖の量などによって特徴づけることができるが，このショコラティエは特別な味覚を持っているため，一口食べればその成分が定量的に判別できてしまう．さて，自分が作ったチョコレートを恋人は「大好きだ」と言ってくれるだろうか．SVMを用いてコンピュータに判定させることにした．

---

[3] 前田 英作「痛快！サポートベクトルマシン -古くて新しいパターン認識手法-」情報処理，Vol.42, No.7, pp.676–683 (2001)

チョコレートの特徴を表す属性が10個あったとすると、チョコレートは10次元の特徴空間におけるベクトルによって表現することができる[4]。今100個のチョコレートのデータがあるので、特徴空間には、100個分のベクトルがあることになる。この100個のベクトルを学習データという。学習データを大好きなチョコレートと、そうでもないチョコレートに分類し、SVMを用いて機械学習させると、SVMは両者の識別境界を求めてくれる。新しいチョコレートのベクトルが与えられたとき、それが識別境界よりも大好きなチョコレート側にあるのか、それとも反対側にあるのかを判別する。これによって、天才ショコラティエが作るチョコレートを恋人が「大好き」と言ってくれるかどうかを事前に知ることができるわけである。

図15.4に、SVMによってデータを2つのグループに分けるための識別境界の概念的な図を示した。図には、2つの軸しか示していないが、チョコレートの例では、このような軸が10本あることになる。データが2つのグループに分けられるとき、境界面を決める式をSVMによって求める。この式は無数に定義することができるが、SVMでは、以下のアルゴリズムのもとで識別境界を計算している。

1) 学習データの中で、他のグループと最も近い場所にいるデータを1つずつ探し、これを基準とする。
2) 両者の距離（マージン）が最も大きくなるように識別境界を設定する。これをマージン最大化という。

これで境界面を求めることができる。あとは、新しいデータが境界面のどちら側に属するかを計算すればよい。

タブレット端末で手書きアプリケーションを使おうとすると、以前は

---

[4] 10個の数値の組み合わせで個々のチョコレートの特徴を表現できるという意味である。

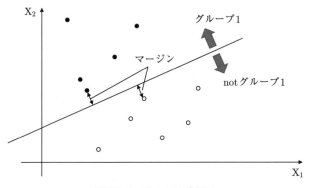

図 15.4　SVM の仕組み

手を画面から浮かして字や絵を描かなければならなかった。iPad などのタブレット端末は，そもそも指を置くことで生ずる静電容量の変化をディスプレイ上のセンサーが検知して，「タップ」や「スワイプ」を検知している。そのため，画面上に手を置くと，それをタップやスワイプのための信号として認識してしまうのである。

今では，この問題が解決され，画面上に手を置いて字を書くことができる製品も販売されている。このような製品では，画面上に置かれた手と，字を書くための指とを識別し，手のデータを無視する機能が組み込まれている。この機能をパームリジェクション（Palm Rejection）という。パームリジェクションにはハードウェアで行うものとソフトウェアで行うものとがある。ハードウェアの方が精度は高いが，ソフトウェアの方が安価である。ソフトウェアでパームリジェクションを行うために，手のひらのデータと指のデータとを識別するために SVM を使う研究もある。正しく手のひらを判別できる精度は 98%を超える[5]。

5) Atsushi Kitani, Taketo Kimura and Takako Nakatani, "Toward the reduction of incorrect drawn ink retrieval," Human-centric Computing and Information Sciences, Springer Open, 2017. https://doi.org/10.1186/s13673-017-0099-0

15.6 より高度な利用者インタフェースへ：音声認識

　音声認識技術は，スマートフォンやカーナビに使われている．音声認識技術には，音を言葉として認識できるだけでなく，言葉の意味を解釈するための技術が必要である．スマートフォンに搭載されている質問応答型人工知能といわれるサービスは，音声認識だけでなく，認識した意味によって，提供するサービスを選択できる．

　この技術の応用範囲は広い．例えば，バリアフリーの利用者インタフェースに適用すれば，多くの人々が今よりも快適にコンピュータを使えるようになるであろう．

　実際に，製品のコールセンターのオペレータをコンピュータにさせることが検討され，実用化されつつある．音声認識技術を使ったシステムの場合，問い合わせの内容を解析する音声認識だけでは不十分である．音声認識に基づき，過去のサポートデータの中から適切な回答の候補を選ぶ機能が必要である．これまでも，コールセンターのオペレータが問い合わせ内容に基づいて，過去のデータの中から該当する回答を検索するシステムは実用化されていた．しかし，このようなシステムでは，オペレータが過去の問い合わせ事例を検索するためのキーワードを入力し，さらに，出力された回答例の中から適切なものを選択するための経験や知識が必要であった．この経験による知識の活用をコンピュータに学習させることができれば，コンピュータに24時間のオペレータ業務の代替を任せることができる．

　IBMのワトソンは，2011年米国のクイズ番組で人間に勝ったことで有名になった．みずほ銀行がコールセンター業務にワトソンを活用しよう

としている[6]。この例では，ワトソンが，質問されている内容を解析し，過去の膨大な問い合わせ内容から複数の回答の候補を抽出する。抽出した回答候補は，それぞれの確信度が計算され確信度の高いものが回答として選択される。しかし，コールセンターは製品の顧客に対するサービスであるため，単に問い合わせに応えればよいとは限らない。企業のサービス向上に，どこまでコンピュータや人工知能が貢献できるかは今後の検討課題であり評価の対象である。

15.7 センサ技術の活用

組込システムの中には様々なセンサが組み込まれているものがある。

自動運転車は，自動車メーカにとっては夢の技術であろう。人が運転していない自動車は信用できないと思われるかもしれないが，自動車を動かすコンピュータは，居眠りや脇見や飲酒をしない，しかし，人が何気なく行っている外界の状態の認知や識別を，自動運転車は，様々なレーダーやセンサから得られるデータだけから判断しなければならない。このような判断をコンピュータがするためには，いくつかの方法がある。

まず，プログラムで対応するためには，人間が判断基準と動作をプログラムする方法がある。多様で大量の判断はプログラムの規模を大きくし，複雑にする。次の方法は，1980年代の人工知能に使われていた方法である。これは，人間が経験に基づいて獲得した知見をルールとしてコンピュータに教え込み，ルールに基づいた状況判断をするための推論をコンピュータがする。しかし，人間がルールを作り出すのは大変高価であり，困難である。ビッグデータを用いたディープラーニングを使う人工知能は，状況を表すデータに対する人間の判断から特徴量を抽出し，新

---

6) http://newswitch.jp/p/5725 （2017年11/21現在）

図 15.5　センサやレーダ，カメラなどを搭載したグーグルカー
（Wikimedia Commons より）

しい状況に対して対応できるようにする．自動運転車には，多くのセンサやレーダが組み込まれており，状況を理解するためのデータを自動運転車が得られるようになっている．

　自動運転の実験が進められているグーグルカーには，レーダ，カメラ，各種センサが積まれている（図15.5）．例えば先行車との距離を計測するためのセンサ，車線を識別するためのセンサ，車体の傾き，スピード，路面状態を検出するためのセンサなどが使われている．また，カメラから得られる画像によって，歩行者の種類や位置を識別することもできる．これらのセンサと GPS（全地球測位システム）による位置情報と地図データによって，目的地までの安全な自動運転が可能になるといわれている．路上で走るすべての車が自動運転されるようになれば，自動車同士が互いに位置情報を交換し，衝突を回避する行動をとることもできるだろう．しかし，人が運転する車と共存することを前提とするならば，自動運転技術は，さらにテストが必要であろう．

　日本では，大型トラックやバスの運転手不足が社会問題となりつつある．車車間通信や自動牽引技術が実用化されることで，1人の運転手が複数のバスやトラックを追随させて目的地に行くことも可能となる．2020

年度には高速道路でのトラックの後続無人隊列走行が実現される[7]。

自動運転車の技術的な問題はほぼ解消されつつある。自動運転車が路上を走るようになったとき，人はどのように介入することが許されるのか。もし事故が起きたときに誰が責任を負うのか。自動車よりも自動化が進んでいる航空機の自動操縦では，パイロットによる誤った操作や，自動操縦の特徴を正しく認識していなかったことによる事故が複数起きている。自動運転車の事故対策や事故時の補償は，大きな課題である。自動運転は運転者（人間）を不要にするための技術なのか，それともその運転をサポートして安全性を高めるための技術なのか。自動運転の進化発展は，今後も情報を収集し続ける必要がある。

15.8 まとめ

この章では，本書で紹介したコンピュータとソフトウェアに関する技術をより身近な事柄として理解するために，実用に向けたコンピュータ技術を解説した。また，技術の理解を深めるために，実際のソフトウェアの例を紹介した。これからも新聞などで新しいソフトウェアやシステムが報道されたとき，本書で紹介した技術を思い出し，さらに知識を増やしていってもらいたい。

演習問題

1. 図書館の図書管理システムを例にして，システムの構成を調査せよ。インターネットを介して図書検索ができること，国内の図書館の図書も含めて検索できる仕組みを考察せよ。

---

7) 経済産業省,"自動走行プロジェクト実現に向けた政府の取組", 2017/2/16.
http://www.kantei.go.jp/jp/singi/keizaisaisei/miraitoshikaigi/dai5/siryou4.pdf

索引

●配列はアルファベット順と五十音順，＊は人名を示す。

●数　字
2進法　80
10進法　80
16進法　80

●A～Z
ACID　170
ASCII　93
boot　14
CASEツール　191
CDN　52
CMYK　62
CUI　64
DBMS　219
DNS　41
Domain Name Sysytem　41
Dvorak配列　57
EUC-JP　98
fat finger問題　63
FQDN　42
GPS　70
Graphical User Interface　173
GUI　64, 173, 194
Hard Disk Drive　22
HDD　22
ICチップ　12
IOS/IEC/IEEE 29148　193
IoT　73
IP　34
IPA　191
IPv4　37
IPv6　37
IPアドレス　37
ISO/IEC 25010:2011（SQuaRE）　204
ISO 9241-11:1998　203
ISO 9241-210　205
JIS X 0201　94
JIS X 0208　94
JIS Z 8521:1999　203
JUNETコード　97
KJ法　207
LAN　29
MACアドレス　33
Model-View-Controller　173
MVC　173
n進法　80
OS　13
OSI参照モデル　33
Palm Rejection　225
parity check　106
PCM　101
Polymorphism　185
POSシステム　69
QWERTY配列　56
RGB　61
Shift JIS　98
Simula　172
SJIS　98
Smalltalk　172
Solid State Drive　22
SQL　163
SQuaRE　204
SSD　22
TCP　35
TLD　43
UDP　36
UI　55
UML　193

Unicode　98
User Experience　203
User Interface　55
UX　203
WAN　29
WYSIWYG　64
Xerox Parc　172

……………………………………………………

●あ 行

あいうえお配列　58
アイコン　66
アクセシビリティ　205
アジャイル開発　174
アセンブラ言語　24
アプリケーション　13
アプリケーション層　220
アプリケーションソフトウェア　13
アプリケーションプログラム　13
誤り検知　106
誤り訂正　106
アルゴリズム　122
イーサネット　30
イテラティブ型プロセス　190
色　99
インクリメンタル型プロセス　190
インスタンス　181
インストーラ　12
インストール　12
インスペクション　207
インタプリタ　109
「インディペンデンスデイ」　16
ウォーターフォール型プロセス　188
受入テスト　199
運用操作性　205
演算装置　18
オクテット　37

オブジェクト指向プログラミング　207
オブジェクトベース　181
オペレーティングシステム　11, 13
親指シフト配列　58

……………………………………………………

●か 行

回帰テスト　200
解像度　62, 100
階調　99
開発支援環境　173
外部設計　194
改良保守　200
可逆圧縮　102
画像　100
仮想記憶　218
仮想マシン　17, 53
カバレッジテスト　197
カプセル化　181
可変長表記　84
関係データベース　158
キー　159
キーボード　56
機械学習　223
機械語　23
機械式　59
奇偶検査　106
基数　80
揮発性メモリ　20
逆引き　45
キャッシュ　216
キャッシュメモリ　20, 216
教務システム　218
クッキー　48
組込型コンピュータ　70
クライアント　29
クライアント／サーバシステム　219

位取り記数法　79
クラウド　53, 219
クラス　176
クラスベース　181
繰り返し型開発　190
クリック　59
クロール　50
継承　184
経費　188
ゲートウェイ　46
桁あふれ　84
桁数　79
結合　160
結合テスト　197
検索　129
検証　199
光学式　59
工学的な方法　187
高級言語　24
公式レビュー　195
効率　203
効率性　204
コーディング規約　196
国際商品コード　69
固定長表記　84
コンパイラ　109

●さ 行
サーチ　129
サーバ　29, 47
再帰呼出し　137
サブネット　38
サンプリング周波数　101
自然言語　24
実体関連図　167
シナリオ法　206

シミュレーション　145
射影　160
修正保守　199
習得性　205
自由落下　155
主キー　159
主記憶装置　12, 18
順次処理　111
条件分岐　114
使用性　204
情報隠蔽　181
情報処理推進機構　191
伸長　102
水平垂直パリティ　107
数式モデル　145
スパイラル型プロセス　189
スマートフォン　63
スワイプ　63
スワップ　218
制御装置　18
生産性　185
正引き　45
整列　125
セカンドレベルドメイン　43
設計仕様書　193
セルオートマトン　153
センサ　70
選択　160
ソート　125
属性　178
ソフトウェアキーボード　56

●た 行
ダイレクトマップ方式　216
多相性　185
多態性　185

タッチ操作　63
タップ　63
妥当性確認　199
ダブルクリック　59
ダブルタップ　63
タブレットPC　63
単体テスト　197
チェックディジット　69
中央処理装置　18
中継機器　30
抽象化　142
定数　113
ディスプレイ　61
データ圧縮　102
データ層　220
データベース　69, 158, 219
データベース管理システム　171, 219
適応保守　200
適切度認識性　205
テスト駆動型開発　197
伝送路　18
統合開発環境　191, 212
トップレベルドメイン　43
ドメインネームサーバ　42
ドメイン名　41
ドラッグ　59, 63
トラックボール　60
トラフィック　29
トランザクション　170
ドリトル　75, 110
ドロップ　59
ドロップダウン形式　66

●な　行
内部設計　194
人間中心設計　202

ネットワークアドレス　38
納期　188

●は　行
バーコード　69
パーソナルコンピュータ　68
ハードディスクドライブ　22
パームリジェクション　225
排他制御　170
バイト　83
配列　119
パケット　35
バス　18
パターソンとヘネシー*　23
パターン認識　223
ハノイの塔　132
パリティビット　106
半導体　19
反復処理　112
非可逆圧縮　102
非機能要求　191
ピクセル　100
非公式レビュー　195
ビジネスロジック　220
ビット　83
ビット列　93
表　159
品質　188
品質の向上　180
ピンチアウト　63
ピンチイン　63
ファットフィンガー問題　63
ブート　14
フーリエ変換　72
不揮発性メモリ　21
物理モデル　145

浮動小数点表記　89
ブラックボックステスト　198
フリック　63
プリンタ　62
プリンタドライバ　14, 16
プルダウン形式　66
ブルックス，フレデリック*　25
ブレインストーミング　207
プレゼンテーション層　219
プログラミング言語　109
プログラムカウンタ　21
プロトコル　31
プロトタイピング　207
ペルソナ　206
変数　113
ホイールスクロール　59
保守性　181, 182
補助記憶装置　22
補数　85
ホスト　27
ポップアップ形式　67
ホワイトボックステスト　198

●ま　行

マウス　59
マウスポインタ　59
満足性　204
満足度　203
ムーア，ゴードン*　24
メソッド　179
メタファ　65
メッセージ　180
メディアアクセスコントロールアドレス
　33

メニュー　66
メモリチップ　19
網羅テスト　197
文字コード　92
文字集合　92
文字符号　92
モデル化　142, 143
モデル駆動型アプローチ　193

●や　行

ユークリッドの互除法　123
有効さ　203
有効性　204
ユーザインタフェース　55
ユーザインタフェース快美性　205
ユーザエクスペリエンス　202
ユーザエラー防止性　205
ユーザビリティ　202
要求仕様書　193
予防保守　200

●ら　行

ライブラリクラス　180
ラズベリーパイ　76
ランレングス圧縮　102
理解性　185
離散的　99
リスク回避性　204
リスク管理　188
量子化ビット　101
利用状況網羅性　204
レイヤ　32
レビュー　193
連続的　99

分担執筆者紹介

(執筆の章順)

白銀　純子 (しろがね・じゅんこ)　　・執筆章→ 4・14

1974 年	岡山県に生まれる
2003 年	早稲田大学大学院理工学研究科博士課程修了
現在	東京女子大学准教授，博士（情報科学）
専攻	ソフトウェア工学
主な著書	トップエスイー基礎講座 2 要求工学概論 要求工学の基本概念から応用まで（近代科学社） 基礎講座 Java（毎日コミュニケーションズ）

兼宗　進 (かねむね・すすむ)　　・執筆章→ 5・8・10・11

1963 年	東京都に生まれる
2004 年	筑波大学大学院ビジネス科学研究科博士課程修了
現在	大阪電気通信大学工学部電子機械工学科教授，博士（システムズ・マネジメント）
専攻	プログラミング言語，情報科学教育
主な著書	ドリトルで学ぶプログラミング（イーテキスト研究所） コンピューターを使わない小学校プログラミング教育（翔泳社） テラと 7 人の賢者（学研）

編著者紹介

辰己　丈夫 (たつみ・たけお) ・執筆章→ 2・3・6・7・9・10

1967 年	大阪府に生まれる
1997 年	早稲田大学大学院理工学研究科数学専攻博士後期課程 退学
2014 年	筑波大学大学院ビジネス科学研究科企業科学専攻博士後期課程修了
現在	放送大学教授・東京大学非常勤講師，博士（システムズ・マネジメント）
主な著書	情報化社会と情報倫理［第 2 版］（共立出版） 情報科教育法［改訂 3 版］（共著　オーム社） キーワードで学ぶ最新情報トピックス 2017（共著　日経 BP）

中谷　多哉子 (なかたに・たかこ) ・執筆章→ 1・12・13・15

1998 年	東京大学大学院総合文化研究科広域科学専攻博士課程修了
現在	放送大学教授，博士（学術）
専攻	ソフトウェア工学，要求工学
主な著書	要求工学知識体系 REBOK（共編著　近代科学社） ソフトウェア工学（共著　放送大学教育振興会） オブジェクト指向に強くなる（共編著　翔泳社）

放送大学教材　1570285-1-1811（テレビ）

コンピュータとソフトウェア

発　行　　2018年3月20日　第1刷
　　　　　2022年1月20日　第3刷
編著者　　辰己丈夫・中谷多哉子
発行所　　一般財団法人　放送大学教育振興会
　　　　　〒105-0001　東京都港区虎ノ門1-14-1　郵政福祉琴平ビル
　　　　　電話　03（3502）2750

市販用は放送大学教材と同じ内容です。定価はカバーに表示してあります。
落丁本・乱丁本はお取り替えいたします。

Printed in Japan　ISBN978-4-595-31891-7　C1355